# 小天才学 Python
## （第 2 版）

编 著 刘思成 刘 鹏 唐康平

清华大学出版社
北 京

# 内容简介

这是一本专门为小学生和中学生学习编程而编写的书。编程对于培养孩子的逻辑思维能力和动手能力至关重要，国家正在推动将编程纳入中小学教学和考评体系中。Python语言既有趣又易学。本书采用独特的教学方法，旨在让学生轻松上手，迅速爱上编程。本书不长篇累牍地讲理论，而是通过由浅入深的案例引导，让学生学会Python编程，内容涵盖从画图、做数学，到做判断、做循环，甚至包括大数据和人工智能。第2版增加了大模型和深度学习的内容，并对上一版的部分内容进行了修改。

本书适合小学二年级以上的小学生和中学生学习，如果家长能和孩子一起学，效果将更加出色。本书不仅适合作为中小学信息技术课程的教材之一，也适合作为中小学人工智能编程教育的基础教材。

本书封面贴有清华大学出版社防伪标签，无标签者不得销售。

版权所有，侵权必究。举报：010-62782989，beiqinquan@tup.tsinghua.edu.cn。

图书在版编目（CIP）数据

小天才学Python / 刘思成，刘鹏，唐康平编著. -- 2版.
北京：清华大学出版社，2025.1
ISBN 978-7-302-68130-4

Ⅰ．TP312.8-49

中国国家版本馆CIP数据核字第2025BF1260号

责任编辑：邓　艳
封面设计：秦　丽
版式设计：文森时代
责任校对：范文芳
责任印制：沈　露

出版发行：清华大学出版社
网　　址：https://www.tup.com.cn, https://www.wqxuetang.com
地　　址：北京清华大学学研大厦A座　　邮　编：100084
社 总 机：010-83470000　　邮　购：010-62786544
投稿与读者服务：010-62776969，c-service@tup.tsinghua.edu.cn
质量反馈：010-62772015，zhiliang@tup.tsinghua.edu.cn

印 装 者：涿州市般润文化传播有限公司
经　　销：全国新华书店
开　　本：170mm×230mm　　印　张：8　　字　数：77千字
版　　次：2019年2月第1版　　2025年3月第2版　　印　次：2025年3月第1次印刷
定　　价：59.80元

产品编号：107430-01

当你学会编程时,
你会开始思考世界上的所有过程。

——少儿编程之父　米切尔·雷斯尼克

# 前言

这是一本专门写给小学生和中学生的编程书。小学二年级以上的小朋友通过本书可以学会编程了!

编程可以帮助小朋友锻炼逻辑思维能力,培养科技能力,并以一种酷酷的方式表达自我。编程将成为你最重要的技能之一,将给你带来很多快乐和更大的成就感,并使你成为一个更有能力的人。

许多科技界的杰出人物都是从小就开始编程的,例如微软公司创始人比尔·盖茨和苹果公司创始人乔布斯。DeepMind 公司的联合创始人兼 CEO Demis Hassabis 也是从小就对计算机科学产生了兴趣。特斯拉公司创始人埃隆·马斯克是在青少年时期开始学习编程的,后来成为技术界的领军人物。美国、加拿大、英国等国家都认识到编程教育的重要性,要求学生从中小学开始学习编程。

2017 年,教育部印发了《义务教育小学科学课程标准》和《普通高中课程方案和语文等学科课程标准(2017 年版)》,国务院印发了《新一代人工智能发展规划》。2018 年,教育部进一步明确指出,需要"构建人工智能多层次教育体系,在中小学阶段引入人工智能普及教育";同年,部分省市已率先将编程列入高考科目。2019 年,教育部在北京成功举办"中小学人工智能教育"项目发布会,发布了阶段性四项成果。北京、广州、深圳、武汉、西安 5 个城市作为第一批试点落地城市,3~8 年级的学生将全面试点学习人工智能与编程的课程。2022 年 4 月,教育部印发了《义务教育课程方案和课程标准(2022 年版)》,要求在 3~8 年级独立开设信息科技科目。2023 年 6 月,教育部办公厅印发了《基础教育课程教学改革深化行动方案》,提出遴选一批富有特色的高水平科学教育和人工智能教育中小学基地。很快,编程课程将全面进入中小学课堂。

你可能要问:"那我能学会编程吗?"能!一方面,我们要学习的Python语言之所以是当今最流行的编程语言之一,一个重要的原因就是它非常简单易学;另一方面,本书非常特别,它采用刘思成小朋友的理解方式来教学,避免了长篇大论的理论讲解,让学习变得一目了然,可以立即动手实践,并且步步深入。在编写本书的过程中,部分内容已经由中小学编程教育名师朱慧老师组织在北京西城区 10 所小学开展了一学期的实验教学,并取得了非常大的成功,同学们都感到非常兴奋!

现在,让我们开始神奇的编程之旅吧!

刘鹏

中国信息协会人工智能教育专家委员会主任

中国大数据应用联盟人工智能专家委员会主任

# 目录

**第 1 课　认识 Python** …………………………… 1
　1. Python 是什么 ………………………………… 1
　2. 安装 Python …………………………………… 3
　3. 我的第一个 Python 程序 …………………… 4
　练习 1 ……………………………………………… 8

**第 2 课　海龟画图** ………………………………… 9
　1. 我们来画一条线 ……………………………… 9
　2. 画一个正方形 ………………………………… 11
　3. 自动画出正方形 ……………………………… 13
　练习 2 ……………………………………………… 16

**第 3 课　做数学** …………………………………… 17
　1. 数学运算 ……………………………………… 17
　2. 字符串 ………………………………………… 19
　3. 布尔运算 ……………………………………… 20
　4. 帮你做作业 …………………………………… 22
　练习 3 ……………………………………………… 24

**第 4 课　画彩图** …………………………………… 25
　1. 用不同颜色的笔 ……………………………… 25
　2. 改变背景颜色 ………………………………… 27
　3. 神奇的变量 …………………………………… 28
　练习 4 ……………………………………………… 32

**第 5 课　做判断** …………………………………… 33
　1. 如果 …………………………………………… 33
　2. 不然 …………………………………………… 35
　3. 组合判断 ……………………………………… 36
　4. 猜数字 ………………………………………… 38
　练习 5 ……………………………………………… 39

### 第6课 循环往复 ················· 40
1. 打印九九乘法表 ················· 40
2. 寻找素数 ························· 42
3. 学生成绩单 ····················· 43
练习 6 ······························· 45

### 第7课 电报 ·························· 46
1. 发电报 ··························· 46
2. 收电报 ··························· 48
3. 收发电报 ························ 49
练习 7 ······························· 52

### 第8课 画笔 ·························· 55
1. 用点绘画 ························ 55
2. 连笔画 ··························· 58
练习 8 ······························· 59

### 第9课 调色板 ····················· 60
1. 做调色板 ························ 60
2. 保护调色板 ····················· 64
练习 9 ······························· 67

### 第10课 弹球 ························ 68
1. 移动球 ··························· 68
2. 加音效 ··························· 70
3. 弹回球 ··························· 71
练习 10 ····························· 73

### 第11课 缤纷色彩 ················· 74
1. 现代艺术 ························ 74
2. 色彩斑斓 ························ 76
练习 11 ····························· 79

### 第12课　美食转盘 ·············· 80
1. 制作美食转盘 ·············· 80
2. 旋转美食转盘 ·············· 83
3. 优化美食转盘 ·············· 86
练习12 ·············· 89

### 第13课　大数据 ·············· 90
1. 获取大数据 ·············· 90
2. 分析大数据 ·············· 93
3. 看见大数据 ·············· 96
练习13 ·············· 100

### 第14课　人脸识别 ·············· 101
1. 我能看见你 ·············· 101
2. 我能认识你 ·············· 104
练习14 ·············· 106

### 第15课　训练人工智能 ·············· 107
1. 训练模型 ·············· 107
2. 使用模型 ·············· 110
练习15 ·············· 112

### 第16课　大模型 ·············· 113
1. 本地搭建大模型 ·············· 113
2. 在线接入大模型 ·············· 116
练习16 ·············· 118

# 第1课 认识Python

Python这个词听起来可能有些怪,但它到底是什么呢?其实,它的最大特点就是学起来特别容易。你可以在计算机上迅速安装它,并且几乎立即就能开始使用。

## 1. Python是什么

Python的意思是大蟒蛇。为什么叫大蟒蛇呢？20世纪80年代,有一部著名电视剧叫 *Monty Python's Flying Circus*（《巨蟒剧团之飞翔的马戏团》),而Python的创始人Guido van Rossum非常喜欢这部电视剧。1989年圣诞节期间,Guido为了打发无趣的圣诞节,决心开发一门新的计算机编程语言,所以就用Python作为这门新语言的名字。

那么,什么是计算机编程语言呢？它是告诉计算机该怎么做的一系列语句。就像指挥员指挥队伍行进的一系列口令:"稍息、立正、齐步走……"你可能要问:"既然这样,那为什么不直接跟计算机说呢？"其实,计算机能看懂的语言和人的语言是不一样的。它能看懂的都是下面这样的语言:

```
if age<12:
    print(" 你可以购买儿童票。")
```

else:
    print(" 你需要购买全价票。")

Python 语言的功能非常强大，其他语言能做到的事情，它几乎都能做到。Python 甚至能够把各种语言做成的库粘在一起，以发挥更大的作用，所以也被称为"胶水语言"。它学起来比大多数语言要容易得多，所以大家都听过这样的说法："人生苦短，我用 Python。"意思是人的一生太短，不想把时间花在学习其他语言上，所以首选 Python。

Python 很好玩，它可以用来做漂亮的图形，如图 1-1 所示。

图 1-1　用 Python 绘制的很漂亮的图案

甚至，Python 可以用来开发你自己的游戏，如图 1-2 所示。

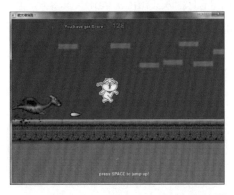

图 1-2　用 Python 开发出的很好玩的游戏

（承蒙嗷大喵快跑游戏作者博客园马三小伙儿授权使用图片）

## 2. 安装 Python

怎么把 Python 安装到我的计算机上呢？

你需要将 Python 软件下载到自己的计算机上。首先在计算机的浏览器中输入下载地址 http://www.cstor.cn/P.rar，然后按 Enter 键开始下载 P.rar 文件。下载完成后，将其保存到计算机上并解压缩，解压完成后，在生成的 P 目录下有一个 PythonStudy 目录。以后编写的所有 Python 程序文件都应该保存到这个目录中。

接着，双击 PythonStudy 目录中"Python 安装包"子目录下的 Python-3.6.4-amd64.exe 文件，这时会出现如图 1-3 所示的界面。

图 1-3　安装 Python 出现的界面

在这个界面中，你需要选中图 1-3 下方的 Add Python 3.6 to PATH 复选框，然后单击中间的 Install Now 按钮，这时就开始安装 Python 了。

等待 Python 安装好之后，接着安装本书所需的其他软件包。双击 PythonStudy 目录中"Python 安装包"子目录下的 install.bat 文件，系统将会自动安装好本书所需要用到的所有依赖包。

## 3. 我的第一个 Python 程序

现在我们可以来试试写自己的程序了！

单击屏幕左下角的 Windows 标志，选择"所有程序"菜单的 Python 3.6 中的第一项 IDLE (Python 3.6 64-bit)，如图 1-4 所示。

图 1-4　启动 IDLE

IDLE 是 Python 自带的程序编辑器，打开之后出现如图 1-5 所示的界面。

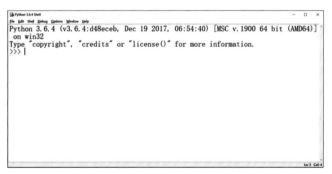

图 1-5　IDLE Shell 界面

这个界面叫 Shell。Shell 是外壳的意思，指的是提供给用户的操作界面。然后选择 File 菜单，在下拉菜单中选择 New File 命令，出现如图 1-6 所示的界面。

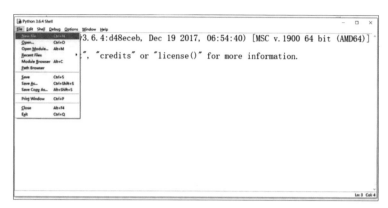

图 1-6　在 IDLE 中新建 Python 程序文件

接下来输入如图 1-7 所示的代码。

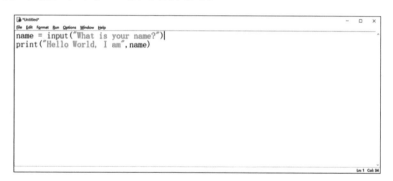

图 1-7　输入 Python 程序代码

第一行代码的意思是显示：What is your name? 然后把你输入的单词保存到 name 中。

第二行代码的意思是显示：Hello World, I am，然后显示你刚才输入的 name 内容。

写完之后选择"File（文件）"菜单中的"Save（保存）"命令，如图 1-8 所示。

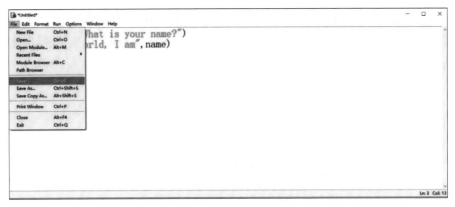

图 1-8 保存 Python 代码

输入文件名为 Hello，然后单击"保存"按钮，如图 1-9 所示。

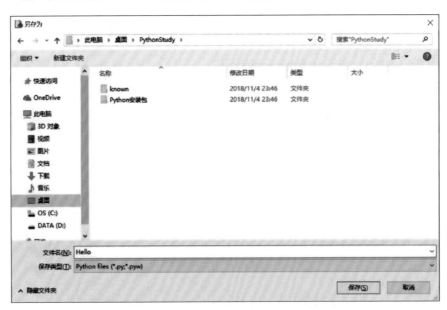

图 1-9 确定 Python 代码保存的位置和名称

这时，你编写的程序已经安全地保存到计算机中了。下次你可以用 Hello 这个名字找到它。然后单击"Run（运行）"菜单下的 Run Module F5 命令，如图 1-10 所示。这里面的 F5 表示你可以直接按键盘上的 F5 键来运行程序，这种方式叫作快捷键，是用来帮助你快速操作的。

第 1 课　认识 Python

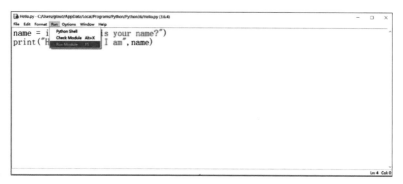

图 1-10　运行 Python 代码

这时，程序就开始运行了，界面如图 1-11 所示。

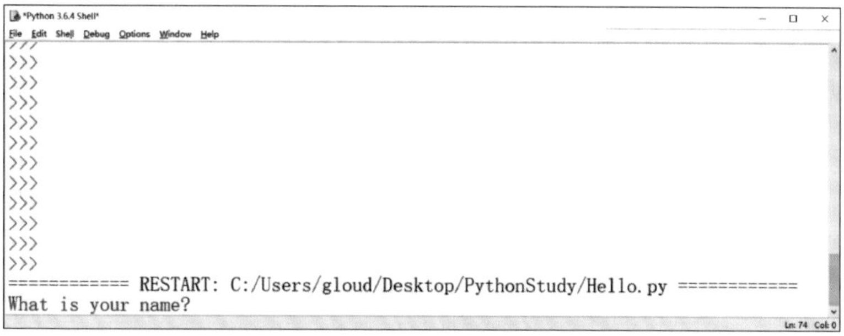

图 1-11　Python 代码的运行界面

输入你的名字，例如 Steven，计算机会显示：Hello World,I am Steven，如图 1-12 所示。

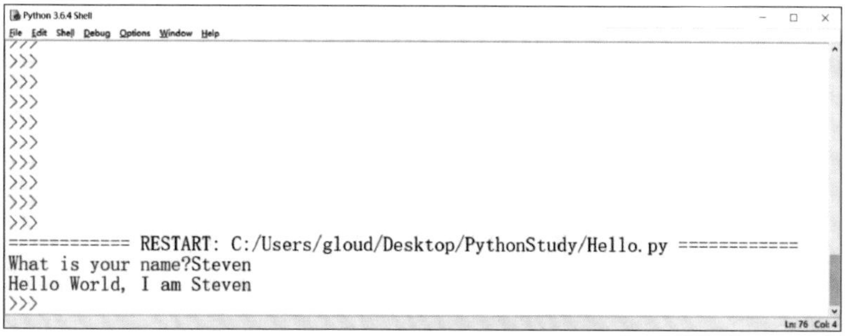

图 1-12　输入文字并显示结果

祝贺你！你已经成功地编写了自己的第一个程序！

编写一个程序，让计算机首先提示你输入第一个人的名字并用 name1 来表示：

What is your name?

然后，让计算机提示你输入你一位朋友的名字并用 name2 来表示：

What is your friend's name?

最后，让计算机输出下面的一句话：

name1 and name2 are friends!

这里的 name1 和 name2 需要用你输入的两个名字来进行替换。

# 第 2 课 海龟画图

屏幕中间有一只看不见的海龟,你指挥它移动,它就会留下一道痕迹。

1. 我们来画一条线

请先按照第 1 课第 3 节中的方法,打开 IDLE 编辑器,输入下面这段代码。

```
import turtle
t = turtle.Pen()
t.forward(90)
```

小朋友们,一定要注意 Pen() 中的 P 是大写的哦!同时用 Line 作为名字把这段程序保存起来。运行它,你会看到如图 2-1 所示的效果。

为什么会这样呢?我们来看看这三行代码。

import turtle

这行代码表示要使用海龟来帮你画图。海龟是一个专门帮你画图的程序,它是一只想象的小海龟,图上的箭头就表示这只小海龟的位置和方向。

t = turtle.Pen()

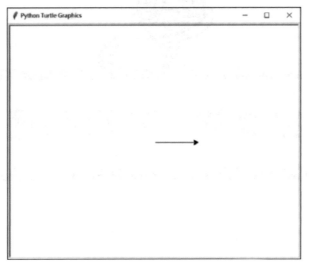

图 2-1　画一条线

这行代码表示让小海龟拿上笔。一旦拿上笔之后，就会出现箭头，如图 2-2 所示。

图 2-2　让小海龟拿上笔

小海龟默认出现在屏幕中央，箭头方向是向右的。

t.forward(90)

这行代码是让小海龟向前走 90 个像素。像素是屏幕上的一个小点，屏幕上的画面是由许多小点构成的,每个小点就是一个像素。所以就出现了一条向右的直线。

2. 画一个正方形

下面,我们来考一考小朋友们:我们如果想画一个如图 2-3 所示的正方形,那么应该怎么做呢?

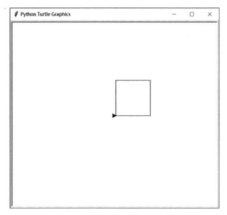

图 2-3 画一个正方形

相信大家都已经想到了,我们需要让海龟学会转弯。

t.left(90)

上面的命令可以让海龟左转 90 度。接下来,我们可以用下面的代码画出这个正方形。

```
import turtle
t=turtle.Pen()
t.forward(90)
t.left(90)
t.forward(90)
t.left(90)
t.forward(90)
```

t.left(90)

t.forward(90)

t.left(90)

我们可以将这段代码命名为 Square 并保存起来。

这个代码有好多行呀！其实其中很多代码都是重复的。我们可以在编辑器里先用鼠标选中要复制的代码（具体做法是，将鼠标移动到要选中的开始位置，然后按住鼠标左键，拖动鼠标到结束位置后松开鼠标左键），如图 2-4 所示。

图 2-4　选中两行代码

然后用鼠标选择"Edit（编辑）"菜单中的"Copy（复制）"命令，即可把选中的代码复制到剪贴板上（剪贴板是一个暂时储存数据的地方），如图 2-5 所示。

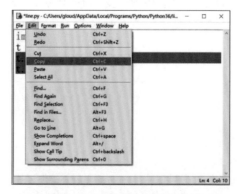

图 2-5　复制选中的代码

这时把鼠标移到需要粘贴的位置，单击左键，你会看到一条闪烁的竖线，这就是光标，它表明 IDLE 编辑器当前处于可以输入的状态。

这时，请选择"Edit（编辑）"菜单中的"Paste（粘贴）"命令，如图 2-6 所示。这样，你刚才复制的那两行代码就会出现在刚才光标所在的位置。我们连续使用三次粘贴命令，就可以把上面的代码都复制出来了。这个方法是不是很棒？

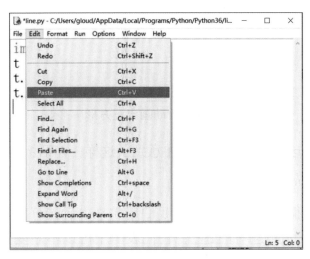

图 2-6　粘贴所复制的代码

现在细心的小朋友肯定会注意到："Copy（复制）"命令后面的 Ctrl+C，这是不是一个快捷键呢？是的，只要按住键盘左下角的 Ctrl 键不放，再按下 C 键，就表示按了 Ctrl+C 快捷键，它的作用与选择 Copy 命令是一样的，是不是很方便呀？

Paste 命令也是一样的，Ctrl+V 是它的快捷键。你只要连续按三次 Ctrl+V，就会发现刚才复制到剪贴板的内容被粘贴了三次。

3. 自动画出正方形

我们刚刚学习了复制、粘贴，这些技巧真的很方便。但你知道吗？我们还有更酷的方法，那就是让程序自己来画这个正方形！

你只需要输入图 2-7 左边显示的代码，程序就能画出和前面一样的正方形，就像图 2-7 右侧展示的那样。

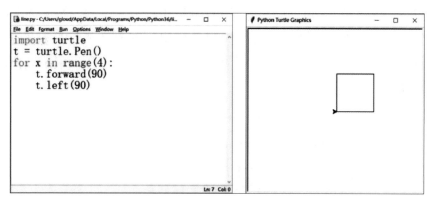

图 2-7　自动画出正方形

为什么会这样呢？大家肯定注意到了这样一句话：

for x in range(4):

这是一个循环语句（loop）。我们用它来告诉计算机需要重复做某些事情。这里的 x 是一个变量，它代表一个可以不断变化的值；range 表示一个范围，它决定了变量 x 可以取哪些值；4 表示循环会执行 4 次，第一次循环时，x 的值是 0，第二次循环时，x 的值是 1，第三次循环时，x 的值是 2，第四次循环时，x 的值是 3。为什么 x 的值是从 0 开始而不是从 1 开始的呢？这是因为计算机喜欢从 0 开始计数。就像在英国，他们把一楼叫 Ground（地面层），而二楼则叫 First Floor（一楼），后面的楼层也是这样逐个往上数的。

在循环中语句需要缩进。在输入时需要先按一下 Tab（制表）键。

t.forward(90)

t.left(90)

这表示上面这两行是属于循环的内容。它们会被重复执行 4 次，因此画出了整个正方形。

循环很有用吧？是的，很有用！我们如果想计算从 1 到 100 的所有整数的总和，就可以使用一个循环来轻松完成这个任务。下面就是实现这个计算的代码。

```
sum = 0
for x in range(1, 101):
    sum += x
print(sum)
```

其中，range(1,101) 表示 x 从 1 开始，到 100 结束，循环共执行 100 次。sum+= x 相当于 sum = sum + x，每次循环都在 sum 的基础上加上 x。最后的结果大家肯定都知道了，是 5050。

如果要计算从 1 ～ 1000 的所有整数的和，我们只需要使用 range(1,1001)，这样循环就会执行 1000 次，最终的结果是 500500，厉害吧？如果有一天老师让你计算从 1 加到 10000 的总和，你只需要使用 range(1,10001) 来计算就可以了。

现在，我们来画一个如图 2-8 所示的复杂的图。

这是怎么画出来的呢？

其实代码很简单，如图 2-9 所示。

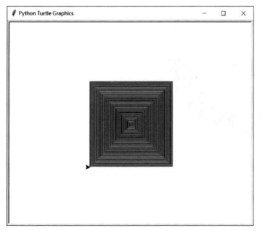

图 2-8　画复杂的方框图

图 2-9　复杂的方框图所对应的代码

大家读懂了吧？这是一个重复 200 次的循环，x 的范围为 0 ～ 199。

每次往前走 x 个像素，然后左转 90 度，随着 x 的增加，线会越来越长。

（1）请输入下面的代码，看看是什么效果，想想为什么？

```
import turtle
t = turtle.Pen()
for x in range(200):
    t.circle(x)
    t.left(90)
```

如果把 t.left(90) 中的 90 改为其他数字，效果会是什么样的呢？

（2）编写程序，画出如图 2-10 所示的图形。

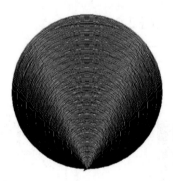

图 2-10　画复杂的圆形图

# 第 3 课 做 数 学

计算机非常擅长进行数学运算。无论是你不会做还是嫌麻烦的计算，都可以交给它帮你完成。

1. 数学运算

现在，我们来学习怎么用 Python 进行数学运算。

和我们学习的一样，Python 中也有整数和小数。像 1、3、1000、-99 这样的数是整数，而像 1.33、2.5、1000.1、-99.9 这样的数则是小数，在计算机中，小数被称为浮点数。

数学中的加（+）、减（-）、乘（×）、除（÷）在 Python 中被称为运算符。你可能会问，键盘上没有"×""÷"这样的符号怎么办？在 Python 中，我们用"*"表示"×"、用"/"表示"÷"、用"**"表示求幂。运算符号的优先级同样是先执行乘法和除法，再执行加法和减法，而括号内的运算会优先于其他运算执行。Python 中的数学运算符如表 3-1 所示。

表 3-1　Python 中的数学运算符

| 运算 | 数学表示 | Python 运算符 | 例　子 |
| --- | --- | --- | --- |
| 加法 | + | + | 3+2=5 |
| 减法 | − | − | 3−2=1 |
| 乘法 | × | * | 3*2=6 |
| 除法 | ÷ | / | 3/2=1.5 |
| 求幂 | $a^n$ | a**n | 3**2=9 |
| 括号 | () | () | (3+2)*4=20 |
| 整除 | a 除以 b 的商 | // | 7//2=3 |
| 模除 | a 除以 b 的余数 | % | 7%2=1 |

现在请打开 IDLE，在 Shell 界面中输入表 3-1 中的例子（注意，不要输入"="号,只需输入式子后直接按 Enter 键），你会看到执行结果，如图 3-1 所示。

在 Shell 界面中，我们还可以使用像 x、y、age 等这样的名字作为变量，代表具体的数值，如图 3-2 所示。

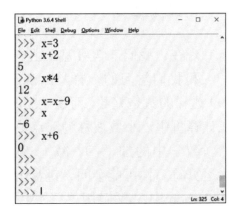

图 3-1　直接在 IDLE Shell 中进行数学运算　　图 3-2　在 Shell 界面中带变量运算

变量只要不被赋值，就会始终保持原来的值，请仔细观察图 3-2 中的运算结果。

## 2. 字符串

在 Python 中,除了数字,还有一种叫作字符串(string)的数据类型。顾名思义,字符串是一串字符,可以是任意字母、数字和符号的组合。例如 "abcdefg"、"123456789"、"A123+-×÷efg"、" 刘思成正在写这本书 "、"#!%@$%^$&*"、":-)" 等。字符串不能直接进行加减乘除的运算,它只代表一串文字。我们在表示字符串的时候要加引号。注意:计算机里的引号使用的是半角的双引号(" ")或者单引号(' '),而不是中文的全角双引号(" ")或者单引号(' ')。

现在,我们来玩字符串,如图 3-3 所示。

图 3-3　输入并打印字符串

你的名字会被写 10 遍,如图 3-4 所示。

你如果不希望每写一遍就换行，那么可以将代码 print(name) 改为用下面的代码进行打印。

print(name, end=" ")

这表示每写一次，结束符是"' '"而不是换行，结果如图 3-5 所示。

图 3-5　不换行的显示结果

### 3. 布尔运算

计算机里还有一种数，叫作布尔值（Boolean），它只有两种状态：True（真）和 False（假）。用比较运算符比较两个值，得到的结果就是一个布尔值。表 3-2 列出了 Python 中的比较运算符。

表 3-2　Python 中的比较运算符

| 运算 | 数学表示 | Python 中的比较运算符 |
| --- | --- | --- |
| 等于 | = | == |
| 不等于 | ≠ | != |
| 小于 | < | < |
| 大于 | > | > |
| 小于或等于 | ≤ | <= |
| 大于或等于 | ≥ | >= |

运算举例如图 3-6 所示。

图 3-6 在 Shell 中直接进行布尔运算

从图 3-6 中可以看出，数值或者字符串之间可以进行比较运算。那么，两个布尔值之间可以做运算吗？当然可以。

两个布尔值之间有三种运算符：and、or 和 not，如表 3-3 所示。

表 3-3 Python 中的布尔组合运算

| 运 算 | 表示方法 | 读 法 | 含 义 |
|---|---|---|---|
| and | a and b | a 与 b | a 和 b 都为真时为真，否则为假 |
| or | a or b | a 或 b | a 和 b 有一个为真时就为真，否则为假（a 和 b 都为假时为假） |
| not | not a | 非 a | a 为真则结果为假，a 为假则结果为真 |

运算举例如图 3-7 所示。

图 3-7 在 Shell 中直接运行布尔组合运算

## 4.帮你做作业

Python能不能帮我们做数学作业呢？可以呀！

Python有一个函数叫eval()，它能够计算数学运算字符串所对应的值，请输入以下代码。

```
for x in range(10):
    question=input(" 请输入一个题目：")
    print(question," 的答案是：",eval(question))
```

运行结果如图3-8所示。

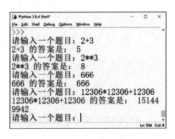

图3-8　运行结果

这个代码会循环10次，你如果想提前退出，可以按Ctrl+C快捷键（先按住Ctrl键不放，再按C键）。

还有一个好办法，就是用while语句来构造循环，如图3-9所示。

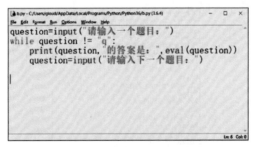

图3-9　使用while语句构造循环

运行结果如图3-10所示。

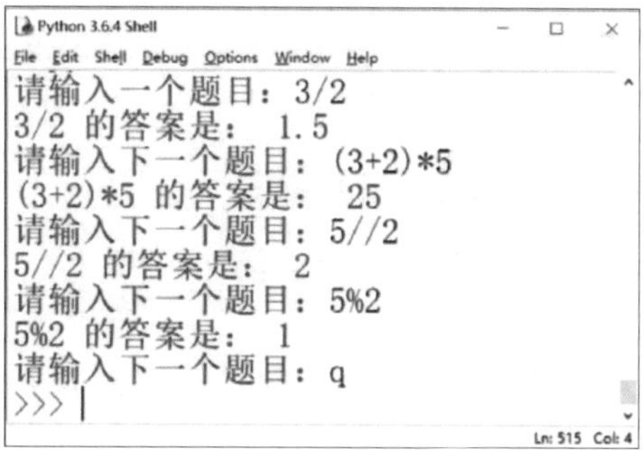

第 3 课　做数学

![图3-10 运行结果]

图 3-10　运行结果

与 for 执行指定次数的循环不同，while 循环是一种不限次数的循环，又称无限循环，它的表示方式是：

while <条件 >:
　　<语句块 >

只要 <条件 > 为 True，while 循环就会不断地执行。只有当 <条件 > 变为 False 时，循环才会停止并退出语句块。在前面的例子中，如果输入的不是题目，而是字符串 "q"，那么循环就会终止。

接下来，我们将创建一个点餐程序，如图 3-11 所示。

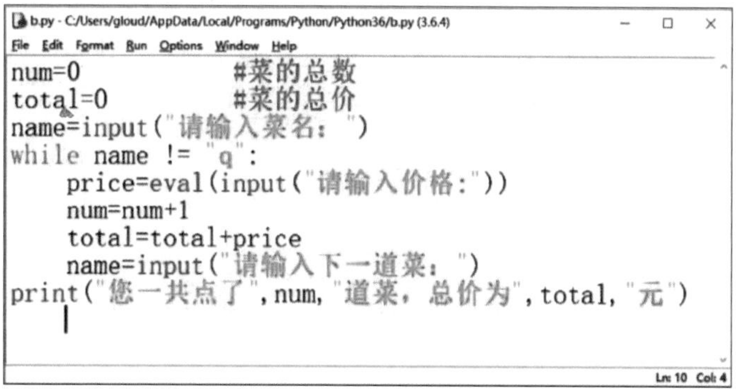

![图3-11 点餐程序]

图 3-11　点餐程序

运行结果如图 3-12 所示。

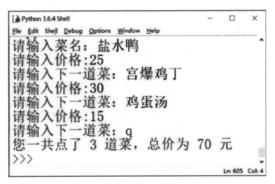

图 3-12 运行结果

（1）在 Shell 界面算一算：

8＊72    55-3+7    (848+256)/1024    25//2    25％2    (33-8)＊(22+8)

1024/256 >= 35/7    1024％255    (87＊3+25)>105 and 98<25＊5

（2）在第 3 课第 4 节的点餐程序里，增加打折功能，最后要求输入折扣（用 0.8 表示八折，用 0.75 表示七五折），并计算打折后的总价。

# 第 4 课 画 彩 图

海龟不仅有彩色笔,还可以更换画布的颜色!

## 1. 用不同颜色的笔

有人可能会问小海龟为什么没有彩色笔?
其实小海龟拥有世界上种类最齐全的彩色笔,什么颜色都有。
打开 IDLE 编辑器,输入下面这段代码。

```
import turtle
t = turtle.Pen()
colors =["red","yellow","blue","green"]
for x in range(200):
    t.pencolor(colors[x%4])
    t.forward(x)
    t.left(90)
```

这样我们就能看到如图 4-1 所示的效果。
我们来看看这几行代码为什么能画出这么漂亮的图案。

colors = ["red","yellow","blue","green"]

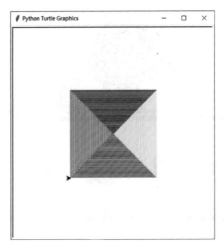

图 4-1　彩色的复杂方框图案

这一行代码定义了名为 colors 的列表，这个列表包含了 4 种颜色。如果要获取列表中第一种颜色的名称，就使用 colors[0] 表示，也就是 "red"；如果要获取第 2 种颜色的名称，就使用 colors[1] 表示，也就是 "yellow"；以此类推。前面我们解释过计算机里数数喜欢从 0 开始，你还记得吗？

现在我们来看看下面这个循环。

```
for x in range(200):
    t.pencolor(colors[x%4])
    t.forward(x)
    t.left(90)
```

我们前面学过循环语句，这个循环会执行 200 次。每次循还中，变量 x 会从 0 增加到 199。海龟会前进 x 步，然后左转 90 度，与上一课很类似。但是，为什么这一次就这么好看呢？因为它是彩色的！

t.pencolor(colors[x%4]) 这行代码用来设置画笔的颜色。其中，x%4 中的 % 在计算机语言中叫取模运算符，简称模，它表示除法运算的余数。比如说，7 除以 4 的商是 1, 余数是 3, 所以 7%4=3。类似地，2%4=2, 8%4=0,⋯，因此，colors[x%4] 就会随着 x 从 0 变化到 199，而依次取 colors[0]， colors[1]，colors[2]，colors[3]，colors[0]，colors[1]，colors[2]，…，因而画笔的颜色也不断地重复着 "red","yellow","blue","green","red","yellow","blue",…

## 2. 改变背景颜色

小朋友们是否觉得图 4-1 中的黄色很难被看清楚呢？那是因为白色的背景和黄色的前景都是浅色的，所以黄色不容易被看清楚。只要让背景颜色变深，黄色就会更容易被看清楚了。

要让背景颜色变成黑色，只需加一句 turtle.bgcolor("black")，程序如下。

```
import turtle
t = turtle.Pen()
colors = ["red","yellow","blue","green"]
turtle.bgcolor("black")
for x in range(200):
    t.pencolor(colors[x%4])
    t.forward(x)
    t.left(90)
```

运行结果如图 4-2 所示，这样就好多了吧！

图 4-2　改变背景颜色

还有更酷的呢！如果把更换背景颜色的代码放入循环中，每次循环都用下一种颜色作为背景，你猜会是什么效果？

```
import turtle
t = turtle.Pen()
colors = ["red","yellow","blue","green"]
for x in range(200):
    t.pencolor(colors[x%4])
    turtle.bgcolor(colors[(x+1)%4])
    t.forward(x)
    t.left(90)
```

好晃眼睛呀！！！哈哈，上当了吧？！

### 3. 神奇的变量

输入下面的代码：

```
import turtle
t = turtle.Pen()
turtle.bgcolor("black")
sides=2
colors=["red","yellow","blue","orange","green","purple"]
for x in range(270):
    t.pencolor(colors[x%sides])
    t.forward(x*2)
    t.left(360/sides+1)
    t.width(x*sides/150)
```

居然出现了如图 4-3 所示的图案！是不是很美？

为什么会这样呢？因为这段程序里有一个变量 sides，它的值被设置为 2。在循环中，t.pencolor(colors[x%sides]) 每循环一次，画笔颜色就会在 colors[0] 和 colors[1] 之间切换一下，也就是说，红色和黄色会交替出现。

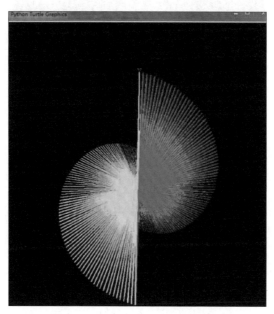

图 4-3　sides 为 2 时的图案

　　t.forward(x*2) 表示每次循环都会画一条线，每次画线的长度从 0 逐步增加到 269*2。

　　t.left(360/sides+1) 中的 "/" 是除法符号。它表示每次循环时，小海龟都会将笔的方向向左转 360/sides+1 度，也就是 181 度。这样相当于每次循环时，小海龟都会错开一个角度，从而形成螺旋状的图案。

　　t.width(x*sides/150) 表示每次循环画线的宽度都会变为 x*2/150，即 x/75，当 x=269 时线宽最大，达到 3.6。

　　因此，上面的程序就相当于在来回画线，每画一次，颜色就会切换一下，线变长，反一下方向，同时略微错开，线的宽度也略微增加。这样一个简单的画线循环，竟然能够形成弧形图案，是不是很神奇呢？

　　还有更神奇的呢！如果你把上面程序中的 sides=2 改为 sides=3，图案将变成如图 4-4 所示的样子。

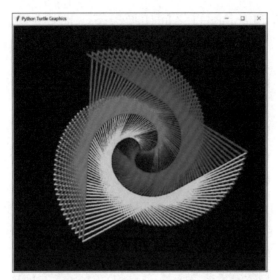

图 4-4　sides 为 3 时的图案

请小朋友们自己分析一下为什么会变成这样。

还有呢，如果把 sides 的值改为 4，图案会变成如图 4-5 所示的样子。

图 4-5　sides 为 4 时的图案

如果把 sides 的值改为 5，图案会变成如图 4-6 所示的样子。

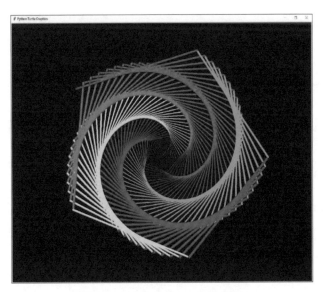

图 4-6 sides 为 5 时的图案

如果把 sides 的值改为 6，图案会变成如图 4-7 所示的样子。

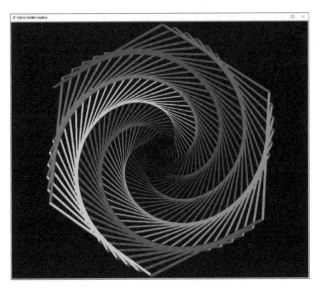

图 4-7 sides 为 6 时的图案

变量很神奇吧？！

练习4

在下面的程序中，尝试把sides的值分别改为7、8、9，看看会出现什么效果？请注意：这里的colors中定义的颜色比前面的多，是为了避免color[x%sides]出现错误。

```
import turtle
t=turtle.Pen()
turtle.bgcolor("black")
sides=9
colors=["red","yellow","blue","skyblue","orange","green","purple","pink","white"]
for x in range(270):
    t.pencolor(colors[x%sides])
    t.forward(x*2)
    t.left(360/sides+1)
    t.width(x*sides/150)
```

# 第 5 课 做 判 断

我们经常需要做出选择,计算机也不例外。

1. 如果

在第 3 课中,我们学习了用 eval() 做数学题。例如,计算输入的两个数相除的结果,程序如下。

a = eval(input("a="))
b = eval(input("b="))
print("a/b=",a/b)

eval() 的作用是计算输入的字符串所对应的数值。
程序运行结果如图 5-1 所示。

图 5-1  运行结果

我们都知道，除数不能为 0，否则会出错，如图 5-2 所示。

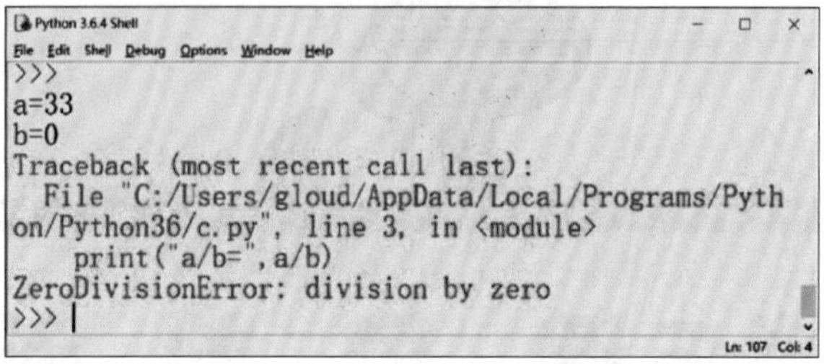

图 5-2　除数为 0 时出错

上面的红色字就是报错信息。division by zero 的意思就是"被零除"。
这应该怎么办呢？我们可以加一个检测，在用户输入除数时，首先判断是不是 0，如果是 0 的话，就提醒用户，程序如下。

a = eval(input("a="))
b = eval(input("b="))
if b==0:
　　print(" 出错啦！ b 不能为零！ ")
if b!=0:
　　print("a/b=",a/b)

这样，这个程序就正常啦！输出结果如图 5-3 所示。

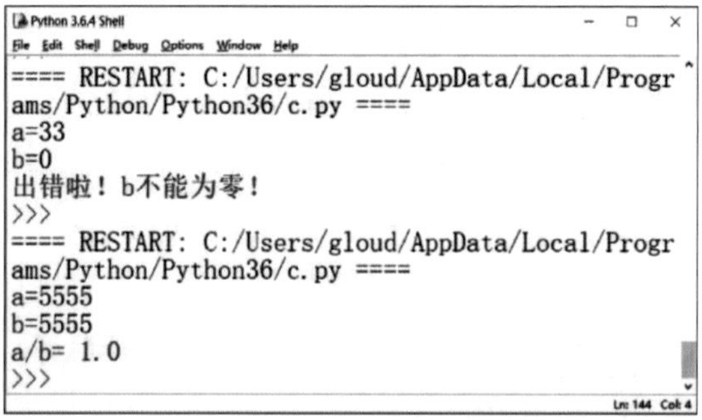

图 5-3　判断除数是否为 0

这个 if 语句就叫条件语句，它的写法如下。

```
if < 条件 >:
    条件为真时做的事
```

这个条件通常是一个布尔表达式，当表达式的结果为真时，就执行 if 语句下面缩进的语句。请注意：满足 if 条件要执行的每一句都要向右缩进一个 Tab（制表）键。

## 2. 不然

上面的程序也可以这样写：

```
a = eval(input("a="))
b = eval(input("b="))
if b==0:
    print(" 出错啦！ b 不能为零！ ")
else:
    print("a/b=",a/b)
```

大家找一找，看看这个程序和上一个程序有什么不同？

大家一定发现了，这里用 else 代替了 if b!=0。else 的意思是"不然"。在这个例子里只有两种情况，b 等于 0 和 b 不等于 0。if b==0 是判断 b 是否等于 0，如果等于 0，就执行 print(" 错啦！ b 不能为零！ ")，否则就执行 print("a/b=",a/b)。

if else 的用法如下：

```
if < 条件 >:
    条件为真时做的事
else:
    其他情况做的事
```

大家一定还记得本书第 1 课开头的例子吧？我们在前面补充了两行代码：

```
print(" 欢迎你购买机票！ ")
age=eval(input(" 请告诉我你的年龄："))
if age<12:
    print(" 你可以购买儿童票。")
else:
    print(" 你需要购买全价票。")
```

运行结果如图 5-4 所示。

图 5-4　购买机票程序运行结果

是不是觉得 else 很有用？！

3. 组合判断

我们再举一个复杂一点的例子，如下所示。
```
import turtle
t = turtle.Pen()
choice=input(" 请选择：1. 三角形 2. 圆形 3. 正方形：")
if choice=='1':
    for x in range(3):
```

```
            t.forward(90)
            t.left(120)
    else:
        if choice=='2':
            t.circle(90)
        else:
            if choice=='3':
                for x in range(4):
                    t.forward(90)
                    t.left(90)
            else:
                print(" 出错啦！只能输入 1 ～ 3。")
```

这个程序需要你先输入 1 ～ 3 的整数进行选择。如果输入 1，则画一个三角形；如果输入 2，则画一个圆形；如果输入 3，则画一个正方形。大家可以自己试一试。

上面这个程序是不是写得有点复杂，其实还有更简单的写法，程序如下。

```
import turtle

t = turtle.Pen()
choice = input(" 请选择：1. 三角形 2. 圆形 3. 正方形：")

if choice == '1':
    for x in range(3):
        t.forward(90)
        t.left(120)
elif choice == '2':
    t.circle(90)
elif choice == '3':
```

```
    for x in range(4):
        t.forward(90)
        t.left(90)
else:
    print("出错啦！只能输入 1～3。")
```

大家看看是否和前面的效果一样。

elif 是 else if 的结合，一般这样写：

if <条件 1>:
    当条件 1 为真时执行的语句
elif <条件 2>:
    当条件 2 为真时执行的语句
elif <条件 3>:
    当条件 3 为真时执行的语句
else:
    所有条件都不成立时执行的语句

## 4. 猜数字

现在，我们来玩一个猜数字游戏：首先，计算机随机选择一个 1～100 的整数，然后由小朋友来猜这个数具体是多少？

要想产生一个随机数，需要在程序前面写这样一句话：import random。这句话表示要调用随机数模块。然后在程序里用 random.randint(1,100) 表示产生一个 1～100 的随机数。我们用 input(" 请猜：") 来获取你的输入，但是取得的是字符串，还需要用 int() 把它转换为整数。

完整的程序如下所示，请注意其中 if、elif 和 else 的用法。

```
import random
my_number=random.randint(1,100)
print(" 猜一猜我想的这个数字是多少（1~100）")
finish=False
```

```
count=0
while finish==False:
    count+=1
    guess=int(input(" 请猜： "))
    if guess==my_number:
        print(" 祝贺你！你猜中了！ ")
        finish=True
    elif guess>my_number:
        print(" 你猜的太大了！ ")
    else:
        print(" 你猜的太小了！ ")
print(" 你一共猜了 ",count," 次。")
```

猜谜过程如图 5-5 所示。

图 5-5　猜数字游戏运行结果

小朋友们可以比一比，看谁猜的次数最少，谁猜的最少，谁就赢了！

（1）在上面的猜数字程序中增加或修改语句，如果玩家输入的数字超出 0～100 的范围，请提醒他们输入的数字超出范围了。

（2）编写一个程序，请用户输入 1～7 的一个整数。如果输入 1，就打印出"星期一"；如果输入 2，就打印出"星期二"；以此类推。

# 第6课 循环往复

我们前面已经见识过循环的厉害之处了,还有更厉害的呢——双重循环!

## 1. 打印九九乘法表

大家应该还记得九九乘法表吧?九九乘法表一共有9行,每一行有9列。

不过,由于这个表是对称的,我们只需要显示一半,如图6-1所示。

| 九九乘法表 | | | | | | | | |
|---|---|---|---|---|---|---|---|---|
| 1×1=1 | | | | | | | | |
| 1×2=2 | 2×2=4 | | | | | | | |
| 1×3=3 | 2×3=6 | 3×3=9 | | | | | | |
| 1×4=4 | 2×4=8 | 3×4=12 | 4×4=16 | | | | | |
| 1×5=5 | 2×5=10 | 3×5=15 | 4×5=20 | 5×5=25 | | | | |
| 1×6=6 | 2×6=12 | 3×6=18 | 4×6=24 | 5×6=30 | 6×6=36 | | | |
| 1×7=7 | 2×7=14 | 3×7=21 | 4×7=28 | 5×7=35 | 6×7=42 | 7×7=49 | | |
| 1×8=8 | 2×8=16 | 3×8=24 | 4×8=32 | 5×8=40 | 6×8=48 | 7×8=56 | 8×8=64 | |
| 1×9=9 | 2×9=18 | 3×9=27 | 4×9=36 | 5×9=45 | 6×9=54 | 7×9=63 | 8×9=72 | 9×9=81 |

图 6-1 九九乘法表

现在我们就让计算机打印出一个九九乘法表，程序如下。

```
for i in range(1,10):
    for j in range(1,i+1):
        print(j,end="")
        print("*",end="")
        print(i,end="")
        print("=",end="")
        print(j*i,end="")
        print("",end="")
    print()
```

这个程序一共有两个循环：第一个循环（也称外循环）是 for i in range(1,10)，共循环 9 次，i 的值从 1 变到 9，目的是让计算机从第 1 行显示到第 9 行，一共显示 9 次；第二个循环（也称内循环）是 for j in range(1,i+1)，让计算机从第 1 列显示到第 i 列。当 i 等于 1 时，只显示 1 列。

print(j,end="") 的作用是首先显示列号，end="" 表示用空字符串来结束，也就是不要空格。

print("*",end="") 的作用是显示乘号。

print(i,end="") 的作用是显示行号。

print("=",end="") 的作用是显示等于号。

print(j*i,end="") 的作用显示二者相乘的值。

print("",end="") 的作用是在后面加一个空格。

print() 的作用是当一个内循环做完之后，就在后面加一个换行。

打印结果如图 6-2 所示。

```
1*1=1
1*2=2 2*2=4
1*3=3 2*3=6 3*3=9
1*4=4 2*4=8 3*4=12 4*4=16
1*5=5 2*5=10 3*5=15 4*5=20 5*5=25
1*6=6 2*6=12 3*6=18 4*6=24 5*6=30 6*6=36
1*7=7 2*7=14 3*7=21 4*7=28 5*7=35 6*7=42 7*7=49
1*8=8 2*8=16 3*8=24 4*8=32 5*8=40 6*8=48 7*8=56 8*8=64
1*9=9 2*9=18 3*9=27 4*9=36 5*9=45 6*9=54 7*9=63 8*9=72 9*9=81
```

图 6-2　打印九九乘法表输出结果

## 2. 寻找素数

大家在数学课上学过素数吧。素数是只能被它本身或者 1 整除的数。如果在数学课上老师让大家找出 100 以内的所有素数,你会不会觉得有些麻烦呢?但是别怕,今天我们教大家怎样用 Python 来找素数。

首先,我们立即想到:我们可以构建一个循环,从 2 循环到 99。为什么要从 2 开始呢?因为 1 不是素数,但它能够被自己和 1 整除,所以要把它排除在外,这个循环应该是这样的:

for i in range(2,100):

然后,每当我们碰到一个数 i,我们都需要判断它是不是素数。如何进行判断呢?我们需要看它能不能被除 1 和自己以外的其他数整除,每个数都需要除一除看能不能整除,所以我们需要有第二个循环:

for j in range(2,i):

那么,怎么知道一个数能不能被整除呢?大家在第 3 课中已经学过 "//" 这个符号,这是整除运算符,如果正常的除法 "/" 运算的结果与整除 "//" 运算的结果相等,就说明这个数能够被整除。

因此,代码如下。

```
for i in range(2,100):
    flag=True
    for j in range(2,i):
        if i//j == i /j :
            flag=False
            break
    if (flag):
        print(i," 是素数 ")
```

上面我们用了一个 flag 变量来标识一个数是不是素数。我们首先将 flag 的初始值设置为 True,如果发现它不是素数,我们就把 flag 设置为 False，并使用 break 语句直接退出内层循环。

输出结果如图 6-3 所示。

```
== RESTART: C:/Users/gloud/AppData/Local/Programs/Python/Python36/prime2.py ==
2 是素数
3 是素数
5 是素数
7 是素数
11 是素数
13 是素数
17 是素数
19 是素数
23 是素数
29 是素数
31 是素数
37 是素数
41 是素数
43 是素数
47 是素数
53 是素数
59 是素数
61 是素数
67 是素数
71 是素数
73 是素数
79 是素数
83 是素数
89 是素数
97 是素数
>>>
```

图 6-3　寻找素数输出结果

## 3. 学生成绩单

每次考完试，老师都要做一张学生成绩单。一般来说，老师是用办公软件 Excel 来做的。其实，你也可以用 Python 来做。

为了做成绩单，我们先来学一个新概念——列表。列表很有用，它可以记录一组数据。列表中的所有元素都要被包含在一对中括号"[ ]"中，元素之间要使用逗号进行分隔。列表中的元素数量是不受限制的，并且我们可以方便地增加、删除或者修改列表中的任何元素。例如：

num=[33, 6, 9, 2, 66, 99, 12, 23, 56]

这样，我们就定义了一个名为 num 的列表，它有 9 个元素，并且这些元素都是数字类型的。

再如：

poem=[' 床前明月光 ',' 疑是地上霜 ',' 举头望明月 ',' 低头思故乡 ']

这样，我们就定义了一个名为 poem 的列表，它有 4 个元素，并且这些元素都是字符串类型的。注意，字符串需要加英文的单引号或者双引号。

大家想起来了吧？我们在第 4 课中定义颜色时，就用到了列表。

colors = ["red","yellow","blue","green"]

其实，列表中的元素的类型可以完全不同。例如：

mix=[3.1415926,'Minecraft','Notch',' 范俊西 ', 11,'Entity_404']

更加惊人的是，我们还可以把其他列表嵌套在一个列表中。例如：

scores=[ ['001',' 李明 ',92.5,93,94],['002',' 王小小 ',86, 91,99]]

这个列表有两个元素，每个元素都是一个列表，并且分别有 5 个元素。

好了，现在我们来看看成绩单的程序。

scores=[
#学号　姓名　语文　数学　英语
#像这种用符号 # 开始的文字都是注释（说明性文字），它们不会被程序执行
　　　['001',' 李　明 ', 92.5, 93, 94],
　　　['002',' 王小小 ',86, 91, 99],
　　　['003',' 郑　准 ', 94.5, 93, 88],
　　　['004',' 张大明 ', 86.5, 81, 87],
　　　['005',' 田　甜 ', 80.5, 85, 80],
　　　['006',' 李　娇 ', 78, 86, 80],
　　　['007',' 王　晗 ', 79.5, 77, 76],
　　　['008',' 耿文俊 ', 95, 88, 92],
　　　['009',' 章　蕊 ', 99, 98, 90],

```
        ['010',' 董泽松 ', 88, 94, 98]
        ]
for student in scores:
    total=0
    for j in range(2,5):
    total += student[j]
student.append(total)
print(student)
```

上面的代码定义了一个名为 scores 的列表，它记录了很多学生的学号、姓名和三门课的成绩。接着，我们针对每位学生计算了三门课的总分，并把总分添加到该学生的列表中，该程序输出结果如图6-4所示。

```
== RESTART: C:/Users/gloud/AppData/Local/Programs/Python/Python36/score.py ==
['001', '李  明', 92.5, 93, 94, 279.5]
['002', '王小小', 86, 91, 99, 276]
['003', '郑  准', 94.5, 93, 88, 275.5]
['004', '张大明', 86.5, 81, 87, 254.5]
['005', '田  甜', 80.5, 85, 80, 245.5]
['006', '李  娇', 78, 86, 80, 244]
['007', '王  晗', 79.5, 77, 76, 232.5]
['008', '耿文俊', 95, 88, 92, 275]
['009', '章  蕊', 99, 98, 90, 287]
['010', '董泽松', 88, 94, 98, 280]
>>>
```

图6-4　学生成绩单输出结果

（1）请打印出 10000 以内的所有素数，并且统计一共有多少个素数。

（2）请在本课第 3 节的学生成绩单的最后加上一列，用来计算平均分。还有，你能帮我们计算所有同学的平均分吗？

# 第 7 课  电  报

列表的用处有很多,我们甚至可以用它来传递秘密信息!

1. 发电报

古代一般用驿马、信鸽、烽火等方式来远程传递信息,但这些方法都不是很方便。1835 年,美国画家摩尔斯经过 3 年的钻研,发明了世界上第一台电报机。他成功地用电流的长短组合表示不同的英文字母。这就是大名鼎鼎的摩尔斯电码。仅仅过了十多年,美国各主要城市之间就拥有了超过 37 万千米的电报线路。

字母与摩尔斯电码对照表如图 7-1 所示。

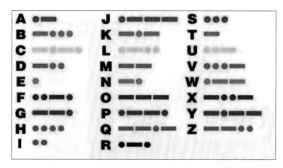

图 7-1  字母与摩尔斯电码对照表

第 7 课　电报

　　在摩尔斯电码中，小圆点代表短信号，横线代表长信号。每个字母的信号组合都是独一无二的，为了避免混淆，比如错误地将 3 个短信号 E 误认为一个长信号 S，就在每个字母后都加一个停顿，这个停顿通常用空格表示。

　　下面这段程序能够将用户输入的英文句子转换成摩尔斯电码（电报）格式。

```
message=input(" 请输入英文 :")
message=message.upper()
code=[".-","-...","-.-.","-..",".","..-.","--.","....","..",".---","-.-",".-..","--",
      "-.","---",".--.","--.-",".-.","...","-","..-","...-",".--","-..-","-.--",
      "--.."]
output=""
for letter in message:
    value=ord(letter)–ord('A')
    if value>=0 and value<26:
        output+=code[value]+""
    else:
        output+=""
print(" 摩尔斯电码是：",output)
```

　　大家应该都看出来了，code[] 是一个列表，它按照顺序列出了从 A ~ Z 对应的摩尔斯电码。message.upper() 会把输入的英文文本统一转换为大写形式。

　　那么，value=ord(letter)-ord('A') 是什么意思呢？ord() 函数会返回一个字符对应的编码序号，这就像通过姓名查找学生的学号一样。因此，ord(letter)-ord('A') 就表示 'A' 之后的第几个字母，也就是说，value 反映了一个字母的顺序号。

　　通过 code[value]，我们就可以得到字母对应的摩尔斯电码，并在它后面添加一个空格，表示这是一个字母的结束。连接到输出字符串 output 后面。如果输入的字母不在 A ~ Z 的范围，我们也用一个空格代替。

上面程序的运行结果如图 7-2 所示。

```
==== RESTART: C:/Users/gloud/AppData/Local/Programs/Python/Python36/aa.py ====
请输入英文:This is a book.
摩尔斯电码是:  - ....  .. ...  .. ...  .-  -...  ---  ---  -.-
>>>
```

图 7-2  发电报输出结果

这个输出结果是否正确呢？我们可以访问网址 http://www.zhongguosou.com/zonghe/moErSiCodeConverter.aspx，把生成的摩尔斯电码复制进去，然后将其转换为英文字母，以验证其准确性，如图 7-3 所示。结果看起来是正确的！

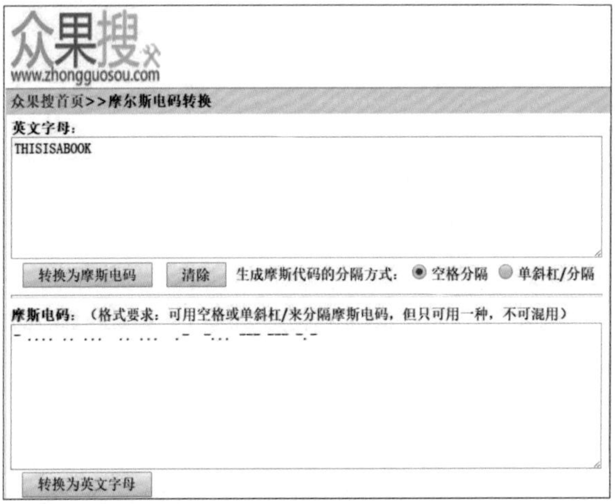

图 7-3  在众果搜网站上核对结果

**2. 收电报**

当电报员收到一封电报时，他看到的样子会是这样的：

- .... .. ... -.... .. ... -....  .-  -....  -...  ---  ---  -.-

怎样才能读懂它呢？可以查看本课第 1 节中的对照表。但这样好费劲，我们还是来写个程序吧！

第 7 课　电报

```
code=[".-","-...","-.-.","-..",".","..-.","--.","....","..",".---","-.-",".-..","--",
      "-.","---",".--.","--.-",".-.","...","-","..-","...-",".--","-..-","-.--","--.."]
message=input(" 请输入电报 :")
message+=" "                        #防止电报末尾缺少用作分隔符的空格
chars=""
output=""
for letter in message:
    if letter!=" ":
        chars=chars+letter
    else:
        for index in range(26):
            if code[index]==chars:
                output+= chr(ord('A')+index)
        chars=""
print(" 英语原文是：",output)
```

在上述程序中，chars 变量用于存储一段连续的摩尔斯电码，当遇到空格时，程序会在 code[] 列表中查找 chars 对应的字母序号，然后使用 chr() 函数返回相应序号的字母，并把 chars 清空以便存储下一段电码。

输出结果如图 7-4 所示。

```
== RESTART: C:/Users/gloud/AppData/Local/Programs/Python/Python36/moores.py ==
请输入电报:- .... .. ...  -....- .. ...  -....- .- -....- -...  --- --- -.
英语原文是：  THISISABOOK
>>>
```

图 7-4　收电报输出结果

3.收发电报

现在，我们把上述两段程序合并在一起，使它既能生成电报，又能翻译电报。在这里，我们定义了两个函数：encode(message) 用于把输入的 message 转换并返回对应的电报；而 decode(message) 则用于把输入的 message 转换并返回对应的英文。

其实，print()、ord() 等都是函数，它们都是系统预先定义好的，我们可以直接使用它们。这里的 encode() 和 decode() 是我们自己定义的函数。一旦定义了这些函数，我们就可以反复使用它们，非常方便。程序如下所示。

```python
code = [".-", "-...", "-.-.", "-..", ".", "..-.", "--.", "....", "..", ".---", "-.-", ".-..", "--",
        "-.", "---", ".--.", "--.-", ".-.", "...", "-", "..-", "...-", ".--", "-..-", "-.--", "--.."]

def encode(message):
    message = message.upper()
    output = ""
    for letter in message:
        value = ord(letter) – ord('A')
        if 0 <= value < 26:
            output += code[value] + " "
        else:
            output += " "
    return output

def decode(message):
    chars = ""
    output = ""
    for letter in message:
        if letter != " ":
            chars += letter
        else: # 如果字符是一个空格
            if len(chars) == 0:
                # chars 的长度为 0，意味着这个空格是英文原文中的空格
                output += " "
            else: # chars 的长度不为 0，意味着这个空格是摩尔斯电码中
```

```
            # 的分隔符
        for index in range(26):
            if code[index] == chars:
                output += chr(ord('A') + index)
                chars = ""
    return output

choice = input(" 请选择：1. 发电报 2. 收电报：")
if choice == '1':
    message = input(" 请输入英文 :")
    result = encode(message)
    print(" 摩尔斯电码是：", result)
elif choice == '2':
    message = input(" 请输入电报 :")
    result = decode(message)
    print(" 英语原文是：", result)
```

在上面的代码中，我们还通过加入判断语句来区别一个空格到底是摩尔斯电码的分隔符，还是英文原文中的空格，这样就避免了输出英文的空格被“吃掉”，输出结果如图 7-5 所示。

```
=== RESTART: C:/Users/gloud/AppData/Local/Programs/Python/Python36/db2.py ===
请选择：1.发电报 2.收电报：1
请输入英文:Steven is good at programming
摩尔斯代码是： ... - . ...- . -.  .. ...  --. --- --- -..  .- -  .--. .-. --- --
. .-. .- -- -- .. -. --.
>>>
=== RESTART: C:/Users/gloud/AppData/Local/Programs/Python/Python36/db2.py ===
请选择：1.发电报 2.收电报：2
请输入电报:... - . ...- . -.  .. ...  --. --- --- -..  .- -  .--. .-. --- --. .-
. .- -- -- .. -. --.
英语原文是： STEVEN IS GOOD AT PROGRAMMING
>>>
```

图 7-5　收发电报输出结果

摩尔斯电码不仅可以用来表示字母，还可以用来表示数字和标点符号，如图 7-6 所示。请扩充上面收发电报的程序，使其能够准确地发送和接收包含正常的英文段落的电报。

图 7-6　完整的摩尔斯电码表

完整的摩尔斯电码程序如下所示。

symbol=["A","B","C","D","E","F","G","H","I","J","K","L","M","N","O",
　　　　"P","Q","R","S","T","U","V","W","X","Y","Z","0","1","2","3",
　　　　"4","5","6","7","8","9",".",",","?","!",":","\"","'","="]
　　　# "\"" 表示 " 符号，由于它与两边的引号相同，因此用 \"
　　　# 来与两边的 " 区别

num=44　　# 上述语句的符号总数

code=[".-","-...","-.-.","-..",".","..-.","--.","....","..",".---","-.-",".-..","--",
　　　"-.","---",".--.","--.-",".-.","...","-","..-","...-",".--","-..-","-.--","--..",
　　　"-----",".----","..---","...--","....-",".....","-....","--...","---..","----.",
　　　".-.-.-","--..--","..--..","-.-.--","---...",".-..-.",".----.","-...-",

```python
            ".----.","-...-"]

def encode(message):
    message=message.upper()
    output=""
    for letter in message:
        flag=False
        for i in range(num):              # 在symbol表中寻找对应符号的序号
            if symbol[i]==letter:         # 如果找到
                output+=code[i]           # 则输出code表对应的编码
                flag=True
                output+=" "               # 编码最后接一个空格
                break
        if flag==False:
            output+=letter
    return output

def decode(message):
    chars=""
    output=""
    for letter in message:
        if letter!=" ":                   # 空格之前是最新的一串编码
            chars=chars+letter
        else:                             # 如果当前字符是空格
            if chars=="":                 # 如果编码还是空的，则需要直接输出空格
                output+=letter
            else:                         # 否则查找编码对应的字符
                flag=False
                for i in range(num):
                    if code[i]==chars:
                        output+=symbol[i]
```

```
                    flag=True
                    break
            if flag==False:
                output+=chars
            chars=""
    return output
choice=input(" 请选择：1. 发电报 2. 收电报：")

if choice=='1':
    message=input(" 请输入英文：")
    result=encode(message)
    print(" 摩尔斯电码是：",result)

if choice=='2':
    message=input(" 请输入电报：")
    result=decode(message)
    print(" 英语原文是：",result)
```

程序运行结果如图 7-7 所示。

图 7-7　摩尔斯电码程序运行结果

# 第 8 课 画 笔

海龟是用程序控制来画画的,那么我们能不能用鼠标随心所欲地画画呢?

## 1. 用点绘画

前面,我们已经学习了用不同颜色的笔来画线条,那么,如果你想自己在画板上作画,想画什么就画什么,该怎么实现呢?

要实现这样的功能,我们需要一个好帮手,它的名字叫 pygame,意思是 Python 游戏包。它可以帮助我们很方便地制作游戏,识别我们的操作,并生成精美的画面以及添加游戏音效。

要使用 pygame 游戏包,首先需要安装它(如果已经按照本书第 1 课第 2 节中的方法安装过 Python 安装包,那么这一步可以省略啦)。安装方法很简单,在屏幕左下角的"开始"菜单中找到"命令提示符"的菜单项(在"所有程序"的"Windows 系统"菜单中),然后单击它,如图 8-1 所示。

接下来,在"命令提示符"窗口中输入 pip install pygame,系统便会自动下载并安装 pygame,如图 8-2 所示。

图 8-1　启动命令提示符

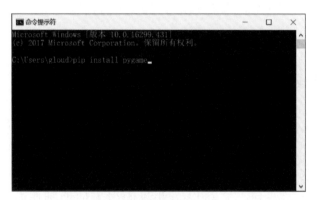

图 8-2　安装 pygame

以后只要在程序中用 import pygame 导入 pygame，即可使用它。

在 pygame 中，我们经常要用到颜色。大家都知道，计算机中的颜色是由 Red（红）、Green（绿）和 Blue（蓝）三种颜色组合而成的，因此它们被称为三原色，简称 R、G 和 B。每种颜色的深浅用 0～255 的整数来表示。例如，(255,0,0) 代表红色，其中 R（红）值为 255，G（绿）和 B（蓝）的值都是 0；(0,255,0) 是绿色，(0,0,255) 是蓝色。此外，颜色的混色也遵循一定的规律，比如红色与绿色混合会产生黄色，因此 (255,255,0) 就代表黄色。

下面我们来编写一个用点绘画的程序。

```
import pygame
pygame.init()                          # 对 pygame 进行初始化
screen=pygame.display.set_mode([800,600])
                                       # 设置屏幕大小
pygame.display.set_caption(" 单击鼠标来画画 ")
                                       # 显示窗口的名称
UnFinished=True                        # 用变量来标识是否结束
red=(255,0,0)                          # 定义红色
while UnFinished:                      # 如果没有结束就进入循环
    for event in pygame.event.get():   # 获取事件
        if event.type==pygame.QUIT:
                                       # 如果用户单击了窗口右上角的"关闭"按钮
            UnFinished=False           # 将未完成设为"假"，表示程序已结束
        if event.type==pygame.MOUSEBUTTONDOWN:
                                       # 如果鼠标被按下了
            pygame.draw.circle(screen,red,event.pos, 15)
                                       # 就在鼠标按下的位置以 15 像素为半径画红色的实心圆
    pygame.display.update()            # 更新屏幕的显示
pygame.quit()                          # 退出 pygame
```

程序运行结果如图 8-3 所示。

图 8-3 用点绘画的结果

2.连笔画

你是不是觉得用点画画很不方便?没关系,现在我们来做一个画连笔画的工具,就像图 8-4 展示的那样。

图 8-4　连笔画的结果

怎么才能画连笔画呢?最关键的是,只要鼠标是被按下的,就要一直画实心圆,程序如下。

```
import pygame
pygame.init()
screen=pygame.display.set_mode([800,600])
pygame.display.set_caption(" 按住鼠标左键并拖动来画画 ")
red=(255,0,0)
mousedown=False         # 程序刚启动时,鼠标是未被按下的
UnFinished=True

while UnFinished:
    for event in pygame.event.get():
        if event.type== pygame.QUIT:
            UnFinished=False
        if event.type== pygame.MOUSEBUTTONDOWN:
            mousedown=True
```

```
                    # 如果鼠标被按下了，则设置 mousedown 标志
        if event.type== pygame.MOUSEBUTTONUP:
            mousedown=False
                    # 如果鼠标被按下了，则清除 mousedown 标志
        if mousedown:                    # 只要鼠标是被按下的状态
            spot=pygame.mouse.get_pos()  # 获取鼠标所在的位置
            pygame.draw.circle(screen, red, spot, 15)
                                         # 画一个红色的实心圆
    pygame.display.update()
pygame.quit()
```

有一个有趣的现象，如果按下的鼠标移动太快，计算机来不及画点，则会出现断断续续的情况，如图 8-5 所示。

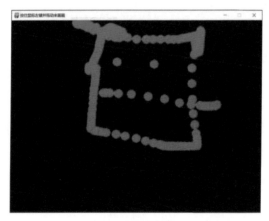

图 8-5　快速画连笔画的效果

请对上面的连笔画程序进行修改，以便在每次按下鼠标并移动时能够同时画出两种颜色。

# 第9课 调色板

用鼠标画画时，如果是有一个调色板可以用来选择颜色，那就更好了！

## 1. 做调色板

上面我们已经学会了连笔画。不过，你可能还是会觉得有点美中不足，因为只能使用一种颜色。我们能不能自己选择颜色来画画呢？当然能。现在我们来做一个简单的调色板，简单起见，调色板里只有4种颜色。当你用鼠标单击某种色块时，画笔的颜色就会变成那种颜色，如图9-1所示。

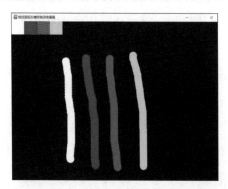

图9-1 只有4种颜色的调色板

第 9 课　调色板

在开始之前,我们要解释一下屏幕坐标,屏幕坐标就是点在屏幕上的位置,由(X, Y)坐标表示,如图 9-2 所示。X 是横坐标,Y 是纵坐标。规定屏幕左上角是坐标原点(0, 0)。

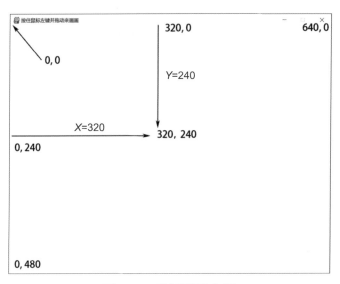

图 9-2　理解屏幕坐标

当我们想在屏幕上画一个矩形时,我们需要指定矩形左上角坐标位置,以及矩形的宽度和高度,如图 9-3 所示。

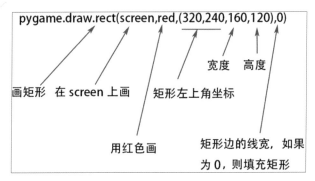

图 9-3　画矩形的方法

画出来的效果如图 9-4 所示。

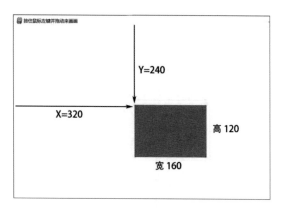

图 9-4 画出的矩形效果

现在我们可以来做调色板了，程序如下。

import pygame
pygame.init()
screen=pygame.display.set_mode([800,600])
pygame.display.set_caption(" 按住鼠标左键并拖动来画画 ")
mousedown=False
UnFinished=True

white=(255,255,255)
red=(220,50,50)
yellow=(230,230,50)
blue=(0,0,255)

# 在屏幕上部画调色板
pygame.draw.rect(screen,white,(0,0,50,50),0)
　　　　# 在 (0,0) 位置画宽 50 像素、高 50 像素的白色矩形
pygame.draw.rect(screen,blue,(50,0,50,50),0)
　　　　# 在 (50,0) 位置画宽 50 像素、高 50 像素的蓝色矩形
pygame.draw.rect(screen,red,(100,0,50,50),0)
　　　　# 在 (100,0) 位置画宽 50 像素、高 50 像素的红色矩形

```
pygame.draw.rect(screen,yellow,(150,0,50,50),0)
                    # 在 (150,0) 位置画宽 50 像素、高 50 像素的黄色矩形
color=white         # 画笔的默认颜色是白色

while UnFinished:
    for event in pygame.event.get():
        if event.type==pygame.QUIT:
            UnFinished =False
        if event.type== pygame.MOUSEBUTTONDOWN:
            mousedown=True
        if event.type== pygame.MOUSEBUTTONUP:
            mousedown=False
    if mousedown:                              # 如果鼠标被按下了
        spot=pygame.mouse.get_pos()            # 获取鼠标的位置
        # spot[0] 是 X 坐标，spot[1] 是 Y 坐标
        if spot[0]<=50 and spot[1]<=50:        # 如果是在第一个颜色块范围内
            color = white                      # 将画笔颜色设置为白色
        elif spot[0]<=100 and spot[1]<=50:
                                               # 如果是在第二个颜色块范围内
            color = blue                       # 将画笔颜色设置为蓝色
        elif spot[0]<=150 and spot[1]<=50:
                                               # 如果是在第三个颜色块范围内
            color = red                        # 将画笔颜色设置为红色
        elif spot[0]<=200 and spot[1]<=50:
                                               # 如果是在第四个颜色块范围内
            color = yellow                     # 将画笔颜色设置为黄色
        pygame.draw.circle(screen, color, spot, 15)
                    # 只要鼠标被按下，就在鼠标位置以 color
                    # 颜色画半径为 15 像素的圆
    pygame.display.update()
pygame.quit()
```

现在，你可以尽情地画画了，如图 9-5 所示。

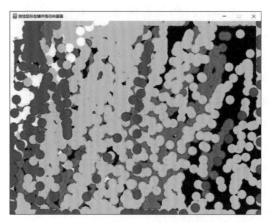

图 9-5　用调色板的不同颜色绘画

2. 保护调色板

在上面图板上作完画之后，我们又发现了一个美中不足的地方：调色板居然会被覆盖！没关系，我们只要略施小计，就可以解决这个问题，请看下面的程序。

import pygame
pygame.init()
screen=pygame.display.set_mode([800,600])
pygame.display.set_caption(" 按住鼠标左键并拖动来画画 ")
radius=15
mousedown=False
UnFinished=True

white=255,255,255
red=255,0,0
yellow=255,255,0
black=0,0,0

```
blue=0,0,255
green=0,128,0
purple=128,0,128
cyan=0,255,255
screen.fill(white)                    #用白色填充屏幕
#在屏幕上部画调色板，这里增加了几种颜色方块
pygame.draw.rect(screen,white,(0,0,50,50),0)
pygame.draw.rect(screen,red,(50,0,50,50),0)
pygame.draw.rect(screen,green,(100,0,50,50),0)
pygame.draw.rect(screen,yellow,(150,0,50,50),0)
pygame.draw.rect(screen,blue,(200,0,50,50),0)
pygame.draw.rect(screen,purple,(250,0,50,50),0)
pygame.draw.rect(screen,cyan,(300,0,50,50),0)
pygame.draw.rect(screen,black,(350,0,50,50),0)
color=black                           #默认的画笔颜色
while UnFinished:
    for event in pygame.event.get():
        if event.type==pygame.QUIT:
            UnFinished=False
        elif event.type==pygame.MOUSEBUTTONDOWN:
            mousedown=True
        elif event.type==pygame.MOUSEBUTTONUP:
            mousedown=False
    if mousedown:
        spot=pygame.mouse.get_pos()
        if spot[0]<=50 and spot[1]<=50:
            color = white
        elif spot[0]<=100 and spot[1]<=50:
            color = red
        elif spot[0]<=150 and spot[1]<=50:
            color = green
```

```
            elif spot[0]<=200 and spot[1]<=50:
                color = yellow
            elif spot[0]<=250 and spot[1]<=50:
                color = blue
            elif spot[0]<=300 and spot[1]<=50:
                color = purple
            elif spot[0]<=350 and spot[1]<=50:
                color = cyan
            elif spot[0]<=400 and spot[1]<=50:
                color = black
            if spot[1]>=75:    # 只有当 y 坐标在 75 像素以下时，才画线条
                pygame.draw.circle(screen,color,spot, radius)
    pygame.display.update()
pygame.quit()
```

现在，你就不用担心调色板会被覆盖了，如图 9-6 所示。

图 9-6　防止调色板被覆盖之后的绘画效果

第 9 课 调色板

请在上面的调色板上增加橙色 orange，它的颜色值是 (255,165,0)。

# 第10课 弹 球

现在我们来做一个动画！我们准备在一个长方形的盒子里弹球。

1. 移动球

首先，我们来看看如何把一个球从屏幕左上角发射出来，并使它飞向屏幕右下角。现在，我们先来看看代码：

```
import pygame,time
pygame.init()
screen=pygame.display.set_mode((600,500))
pygame.display.set_caption(" 弹球游戏 ")
red=255,0,0
black=0,0,0
x=0
y=0
dx=2
dy=1
radius=10
KeepGoing=True                    # 是否退出的标志
while KeepGoing:
```

```
        for event in pygame.event.get():        # 检查是否要退出
            if event.type in (pygame.QUIT, pygame.KEYDOWN):
                KeepGoing=False
    x+=dx
    y+=dy
    pygame.draw.circle(screen,red,(x,y),radius)   # 画一个红色小球
    pygame.display.update()                       # 刷新一下，让红色球显示出来
    time.sleep(0.02)                              # 等待 0.02 秒
    pygame.draw.circle(screen,black,(x,y),radius)
                                                  # 再在同样位置画黑色球盖住红色球
    pygame.display.update()                       # 刷新一下，让黑色球显示出来
pygame.quit()                                     # 退出 pygame
```

这是不是很简单？动画产生的诀窍在于人眼有"视觉暂留"的特性。将红色球显示 0.02 秒，然后清除它，并在下一个位置继续显示，这样球就形成了一个连续的飞行过程，如图 10-1 所示。

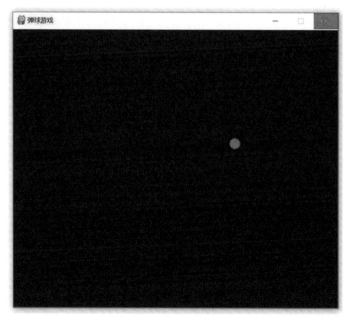

图 10-1　移动球

## 2. 加音效

只有动画，而没有声音，感觉有点美中不足。现在我们来为动画加点音效吧！pygame.mixer 是一个用来处理声音的模块，其含义为"混音器"。在使用它时，我们通常会用到以下几个函数。

```
pygame.mixer.init()              # 初始化混音器
# 如果要播放 .wav 文件，可以这样做
s=pygame.mixer.Sound(" 文件名 .wav")
                                 # 指定声音文件，创建一个播放对象
s.play()                         # 使 s 这个声音对象开始播放
s.stop()                         # 使 s 这个声音对象停止播放
```

现在我们来看完整的代码：

```
import pygame,time
pygame.init()
pygame.mixer.init()
width=600
height=500
screen=pygame.display.set_mode((width,height))
pygame.display.set_caption(" 弹球游戏 ")
red=255,0,0
black=0,0,0
x=10
y=10
dx=2
dy=1
radius=10
KeepGoing=True
s=pygame.mixer.Sound("fly.wav")   # 打开声音文件
    # fly.wav 文件已经在第 1 课第 2 节中被解压到 PythonStudy 目录下
s.play()                          # 播放声音
```

```
while KeepGoing:
    for event in pygame.event.get():
        if event.type in (pygame.QUIT, pygame.KEYDOWN):
            KeepGoing=False
    x+=dx
    y+=dy
    pygame.draw.circle(screen,red,(x,y),radius)
    pygame.display.update()
    time.sleep(0.02)
    pygame.draw.circle(screen,black,(x,y),radius)
    pygame.display.update()
pygame.quit()
```

3. 弹回球

在球遇到边框时，我们还希望球能够弹回来。我们怎么才能知道球到了边框呢？在水平方向，如果球的 $x$ 坐标大于屏幕宽度减去球的半径，那么球就到达了右侧的边框。在这种情况下，我们只需要把球在水平方向上的运动方向反转即可，就像这样：

if x>height−radius or x<radius:

其中，d$x$ 是球每一步在 $x$ 方向变化的量。
同样，$y$ 方向也可这样处理：

if y>height−radius or y<radius:
    dy=−dy

当球碰到边框时，我们希望有一种特殊的碰撞声，这种声音与球飞行的声音不一样，所以我们需要有两个播放声音的通道。
如果需要同时播放多种声音，则需要选择不同的通道来播放。

```python
c=pygame.mixer.find_channel(True)          # 寻找播放声音的通道
c.play(s)                                  # 用找到的通道c播放s声音
import pygame,time
pygame.init()
pygame.mixer.init()
width=600
height=500
screen=pygame.display.set_mode((width,height))
pygame.display.set_caption(" 弹球游戏 ")
red=255,0,0
black=0,0,0
x=10
y=10
dx=2
dy=1
radius=10
KeepGoing=True

audio_clip1=pygame.mixer.Sound("fly.wav")
    # fly.wav 文件已经在第 1 课第 2 节中被解压到 PythonStudy 目录下


channel1=pygame.mixer.find_channel(True)        # 第一个播放声音的通道
channel1.play(audio_clip1)                      # 直接播放球飞行的声音
audio_clip2=pygame.mixer.Sound("pong.wav")      # 第二个播放声音的通道
    # pong.wav 文件已经在第 1 课第 2 节中被解压到 PythonStudy 目录下
channel2=pygame.mixer.find_channel(True)        # 碰撞声音暂时不播放

while KeepGoing:
    for event in pygame.event.get():
        if event.type in (pygame.QUIT, pygame.KEYDOWN):
            KeepGoing=False
```

第 10 课　弹球

```
        if x>width-2*radius or x<radius:           # 如果球在水平方向到达边框
            dx=-dx
            channel2.play(audio_clip2)             # 播放球碰撞的声音
            channel1.play(audio_clip1)             # 重新播放球飞行的声音
        if y>height-2*radius or y<radius:          # 如果球在垂直方向到达边框
            dy=-dy
            channel2.play(audio_clip2)
            channel1.play(audio_clip1)
        x+=dx
        y+=dy
        pygame.draw.circle(screen,red,(x,y),radius)
        pygame.display.update()
        time.sleep(0.02)
        pygame.draw.circle(screen,black,(x,y),radius)
        pygame.display.update()
    pygame.quit()
```

　　在上面的弹球动画中，请在屏幕中间画一条竖线，每当球经过这条竖线时，就换一种音效，在 fly.wav 文件和 fly2.wav 文件之间进行切换。fly2.wav 文件已经在第 1 课第 2 节中被解压到 PythonStudy 目录下。

# 第11课 缤纷色彩

你会一下就掉进缤纷的色彩世界!

1. 现代艺术

我们要在屏幕上随机地展示彩色方块,并为其配上优美的背景音乐。

这次我们配的音乐是 MP3 格式的,需要用 music 函数来装入和播放这段音乐。程序如下所示。

pygame.mixer.music.load("dawn.mp3")

pygame.mixer.music.play()

当音乐播放结束时,我们不希望它突然停止,而是希望它在 3 秒(3000 毫秒)内慢慢变弱,直到消失。程序如下所示。

pygame.mixer.music.fadeout(3000)

下面我们来看完整的程序。

import pygame, random, time
from sys import exit
pygame.init()

```
pygame.mixer.init()
pygame.display.set_caption("艺术空间")

screen=pygame.display.set_mode((1024,768))
screen.fill((0,0,0))

pygame.mixer.music.load("dawn.mp3")
    # dawn.mp3 文件已经在第 1 课第 2 节中被解压到 PythonStudy 目录下

pygame.mixer.music.play()

for i in range(300):
    for event in pygame.event.get():
        if event.type == pygame.QUIT:
            pygame.display.quit()
            pygame.mixer.music.fadeout(3000)
            exit()
    x=random.randint(0,1024)
    y=random.randint(0,768)
    width=random.randint(0,250)
    height=random.randint(0,200)
    R=random.randint(0,255)
    G=random.randint(0,255)
    B=random.randint(0,255)
    pygame.draw.rect(screen,(R,G,B),(x,y,width,height),0)
                    # 在屏幕的 x,y 坐标处，使用 R,G,B 颜色画
                    # 一个宽为 width、高为 height 的实心长方形
    pygame.display.flip()   # 更新整个屏幕
    time.sleep(0.1)
pygame.quit()
```

运行结果如图 11-1 所示。

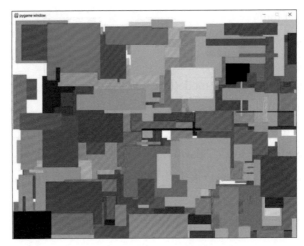

图 11-1　现代艺术显示结果

2. 色彩斑斓

我们能够帮助你调出任意颜色！下面这个程序的运行结果如图 11-2 所示。

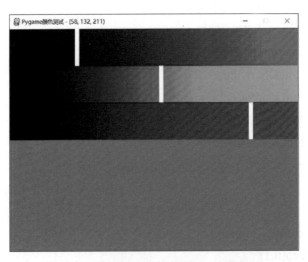

图 11-2　能够调出任意颜色的调色板

这是一个可以调出任意颜色的调色板！当你用鼠标在红、绿、蓝颜色条上拖动白色标尺时，窗口下方就会显示混合出的颜色，同时窗口标题栏会显示这三种颜色的值。

要读懂下面的程序，请看注释。

```python
import pygame
from sys import exit


pygame.init()


screen = pygame.display.set_mode([640, 480])
                    # 下面这个函数用于创建三种颜色条
def create_scales(height):
    red_scale_surface = pygame.surface.Surface((640, height))
                    # 定义一个画图对象，宽 640 像素、高为 height
    green_scale_surface = pygame.surface.Surface((640, height))
    blue_scale_surface = pygame.surface.Surface((640, height))
    for x in range(640):    # 横坐标 x 从 0 循环到 639
        c = int((x/639) * 255)
                # 计算出相对于横坐标 x 的颜色值，颜色值范围是 0~255
        red = (c, 0, 0)      # 红色颜色条的值
        green = (0, c, 0)    # 绿色颜色条的值
        blue = (0, 0, c)     # 蓝色颜色条的值
        line_rect = pygame.Rect(x, 0, 1, height)
            # 在 (x,0) 位置上画一个宽为 1 像素、高为 height 的实心长方形
        pygame.draw.rect(red_scale_surface, red, line_rect)
            # 在红色条对象上以当前的红色值画 line_rect
        pygame.draw.rect(green_scale_surface, green, line_rect)
            # 在绿色条对象上以当前的绿色值画 line_rect
        pygame.draw.rect(blue_scale_surface, blue, line_rect)
            # 在蓝色条对象上以当前的蓝色值画 line_rect
```

```python
            return red_scale_surface, green_scale_surface, blue_scale_surface
                    # 函数返回画好的三种颜色条


red_scale, green_scale, blue_scale = create_scales(80)
                    # 调用函数创建三种颜色条，高度为 80 像素
color = [0, 0, 0]           # 这个列表记录红、绿、蓝的当前值
color_x=[0,0,0]             # 这个列表记录三种颜色条的当前横坐标
mousedown=False             # 记录鼠标左键是否被按下

while True:

    for event in pygame.event.get():
        if event.type == pygame.QUIT:
            pygame.display.quit()

            exit()
        elif event.type== pygame.MOUSEBUTTONDOWN:
                                    # 鼠标左键被按下了
            mousedown=True
        elif event.type== pygame.MOUSEBUTTONUP:
                                    # 鼠标左键被松开了
            mousedown=False
    screen.blit(red_scale, (0, 0))
                # 把 red_scale 对象画到主屏幕的 (0,0) 位置上
    pygame.draw.rect(screen,[255,255,255],[color_x[0],0,10,80],0)
                # 在屏幕的（color_x[0], 0）位置上画一个宽度为 10 像素
                # 高度为 80 像素的白色标尺
    screen.blit(green_scale, (0, 80))
                # 把 green_scale 对象画到主屏幕的 (0,80) 位置上
    pygame.draw.rect(screen,[255,255,255],[color_x[1],80,10,80],0)
                # 在屏幕的（color_x[1],80）位置上画一个宽度为 10 像素
```

第 11 课　缤纷色彩

```
                         # 高度为 80 像素的白色标尺
    screen.blit(blue_scale, (0, 160))
                         # 把 blue_scale 对象画到主屏幕的 (0,160) 位置上
    pygame.draw.rect(screen,[255,255,255], [color_x[2],2*80,10,80],0)
                         # 在屏幕的（color_x[2], 2*80）位置上画一个宽度为 10 像素
                         # 高度为 80 像素的白色标尺
    x, y = pygame.mouse.get_pos()         # 获取鼠标当前的位置
    if mousedown:                         # 如果鼠标被按下
        if y<3*80:                        # 如果鼠标落在颜色条的范围中
            color_index=y//80             # 计算鼠标落在哪种颜色上
            color_x[color_index]=x        # 这种颜色条的当前横坐标设为 x
            color[color_index]=int((x/639)*255)
                                          # 设置这种颜色条的当前颜色值
    pygame.display.set_caption("Pygame 颜色测试 -"+ str(tuple(color)))
                                          # 设置标题条
    pygame.draw.rect(screen, tuple(color),(0, 240,640,480))
                         # 在窗口下方按照当前颜色组合值画长方形
    pygame.display.update()               # 刷新屏幕的显示
pygame.quit()
```

请把上面的调色板与第 9 课的画板相结合，以便大家能够用任意颜色进行绘画。

79

# 第12课 美食转盘

在这节课中,我们将会探索如何使用Python和Tkinter来创建一个有趣的美食转盘。通过单击美食转盘上的"开始"按钮,你可以让转盘闪烁起来,并最终落在一道随机的美食上,让我们看看今天你的美食转盘为你选择了哪道美食!

1. 制作美食转盘

在这个部分,我们将专注于创建美食转盘的界面。我们会使用Tkinter来设计这个界面,并在转盘上添加各种美食的图片。

首先,我们创建一个窗口,并设计一个"开始"按钮来触发转盘的旋转。接着,我们在转盘上设置12个代表不同食物的图片按钮,这些按钮被均匀地分布在转盘的各个位置。每个按钮都与对应的食物图片相关联,程序如下。

```
import tkinter

class FoodRouletteUI:
    def __init__(self):
        # 创建一个 Tkinter 窗口
        self.root = tkinter.Tk()
```

第 12 课　美食转盘

```
    # 设置窗口标题为 '美食转盘'
    self.root.title(' 美食转盘 ')
    # 定义美食选项
    self.food_choices = [
        ' 披萨 ',' 汉堡 ',' 寿司 ',' 玉米卷 ',' 烤鸡翅 ',' 意大利面 ',
        ' 火锅 ',' 沙拉 ',' 烤鱼 ',' 牛排 ',' 蛋糕 ',' 冰淇淋 '
    ]
    # 创建窗口的 UI
    self.set_window()

def set_window(self):
    # 设置按钮的宽度和高度
    button_width = 25
    button_height = 10
    font = tkinter.font.Font(size=16)
    # 创建一个"开始"按钮
    self.btn_start = tkinter.Button(self.root, text=' 开始 ',font=font)
    self.btn_start.grid(row=1, column=1, columnspan=2)
    # 将按钮放置在窗口中的位置
    # 定义按钮的位置
    positions = [
        (0, 0), (0, 1), (0, 2), (0, 3),
        (1, 3), (2, 3), (3, 3), (3, 2),
        (3, 1), (3, 0), (2, 0), (1, 0)
    ]
    # 创建并放置代表美食选项的按钮
    self.food_buttons = []
    for idx, position in enumerate(positions):
        food_choice = self.food_choices[idx]
        button = tkinter.Button(
            self.root, text=food_choice, width=button_width,
            height=button_height, font=font
        )
        button.grid(row=position[0], column=position[1])
        # 将按钮放置在窗口中的位置
```

81

            self.food_buttons.append(button)

    def run(self):
        # 运行 Tkinter 窗口的主事件循环
        self.root.mainloop()

if __name__ == "__main__":
    food_roulette_ui = FoodRouletteUI()
    food_roulette_ui.run()

上述代码运行结果如图 12-1 所示。

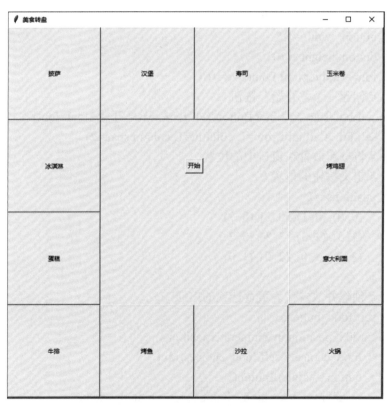

图 12-1  美食转盘的界面

在这个界面上，你可以看到一共有 13 个小按钮，每一个都可以单击哦，快试试吧！

第 12 课　美食转盘

虽然上面的代码只做出了一个界面，还没有实现我们的功能，但不用担心，我们继续往下看。

2. 旋转美食转盘

这一部分，我们将填充美食转盘的旋转逻辑。我们利用 Python 中的 random 库来确定旋转的轮数。当用户单击"开始"按钮时，转盘开始旋转，逐渐减速并最终停止在一道随机选择的美食上。这个过程通过 rotate 方法来实现。

在 IDLE 编辑器中输入下面的代码。

```
import random
import tkinter.font

# 导入 font 改变字体大小
class FoodRoulette:
    def __init__(self):
        # 初始化 Tkinter 窗口
        self.root = tkinter.Tk()
        self.root.title('美食转盘')  # 设置窗口标题
        self.food_choices = [
            '披萨', '汉堡', '寿司', '玉米卷', '烤鸡翅',
            '意大利面', '火锅', '沙拉', '烤鱼', '牛排',
            '蛋糕', '冰淇淋'
        ]
        self.set_window()

    def set_window(self):
        button_width = 25
        button_height = 10
        font = tkinter.font.Font(size=16)
        # 创建"开始"按钮，并设置其单击事件为 start_rotation 方法
```

```python
        self.btn_start = tkinter.Button(self.root, text=' 开始 ',
                            command=self.start_rotation,
                            font=font)
        self.btn_start.grid(row=1, column=1, columnspan=2)
        # 将按钮放置在窗口中的位置
        positions = [
            (0, 0), (0, 1), (0, 2), (0, 3),
            (1, 3), (2, 3), (3, 3), (3, 2),
            (3, 1), (3, 0), (2, 0), (1, 0)
        ]
        self.food_buttons = []
        for idx, position in enumerate(positions):
            food_choice = self.food_choices[idx]
            # 创建表示不同美食选项的按钮
            button = tkinter.Button(self.root, text=food_choice,
                            width=button_width,
                            height=button_height, font=font)
            button.grid(row=position[0], column=position[1])
            # 将按钮放置在窗口中的位置
            self.food_buttons.append(button)

    def rotate(self, count, index):
        # 旋转转盘的效果
        self.food_buttons[(index - 1) % 12]['bg'] = 'white'
        self.food_buttons[index]['bg'] = 'red'
        if count > 0:
            self.root.after(50, self.rotate, count - 1, (index + 1) % 12)
        else:
            self.food_buttons[index]['bg'] = 'red'

    def start_rotation(self):
        # 开始转盘旋转
        for button in self.food_buttons:
```

```
            button['bg'] = 'white'
        rounds = random.randint(12, 48)
        self.rotate(rounds, 0)

    def run(self):
        # 运行 Tkinter 窗口的主事件循环
        self.root.mainloop()

if __name__ == "__main__":
    food_roulette = FoodRoulette()
    food_roulette.run()
```

单击"开始"按钮,便会开始选择美食,最终会落在一道随机的美食上,如图 12-2 所示。

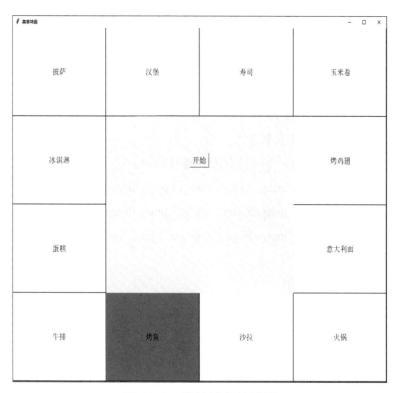

图 12-2 旋转转盘的结果

### 3. 优化美食转盘

到目前为止，我们已经完成了美食转盘基本功能的编写，但是界面略显单调。接下来，我们会进行优化，将转盘上的文字标签替换为相应的美食图片，使转盘看起来更加直观和吸引人。我们会将按钮的文本替换为食物的图片，并确保在转盘旋转时图片能够正确显示，这样用户就能更清晰地看到最终选择的美食了。需要注意的是，图片的大小要与按钮的大小相匹配。所有的图片资源需要放在与 Python 文件同一级目录下的 food 文件夹中。这些图片文件已经在第 1 课第 2 节中被解压到 PythonStudy 目录的 food 文件夹中。

在 IDLE 编辑器中输入下面的代码。

```python
import random
import tkinter

class FoodRoulette:
    def __init__(self):
        self.root = tkinter.Tk()
        self.root.title(' 美食转盘 ')
        self.food_images = [  # 储存图片路径的列表
            'image1.png', 'image2.png', 'image3.png', 'image4.png',
            'image5.png', 'image6.png', 'image7.png', 'image8.png',
            'image9.png', 'image10.png', 'image11.png', 'image12.png'
        ]
        self.set_window()

    def set_window(self):
        button_width = 250
        button_height = 250
        self.btn_start = tkinter.Button(self.root, text=' 开始 ',
```

```
                    command=self.start_rotation,
                    width=20, height=10)
self.btn_start.grid(row=1, column=1, columnspan=2)
positions = [
    (0, 0), (0, 1), (0, 2), (0, 3),
    (1, 3), (2, 3), (3, 3), (3, 2),
    (3, 1), (3, 0), (2, 0), (1, 0)
]
self.food_buttons = []  # 存储美食按钮的列表
for idx, position in enumerate(positions):
    image_path = self.food_images[idx]
    # 获取当前美食按钮的图片路径
    img = tkinter.PhotoImage(file=image_path)
    # 使用图片路径创建一个 PhotoImage 对象
    button = tkinter.Button(self.root, image=img,
                    width=button_width,
                    height=button_height)
    # 创建带有图片的按钮
    button.image = img
    # 保持对图片的引用，防止被垃圾回收
    button.grid(row=position[0], column=position[1])
    # 将美食按钮放置在窗口上
    self.food_buttons.append(button)
    # 将创建的按钮添加到美食按钮列表中

def rotate(self, count, index):
    self.food_buttons[(index - 1) % 12]['bg'] = 'white'
    # 将前一个美食按钮的背景颜色设置为白色
    self.food_buttons[index]['bg'] = 'red'
```

            # 将当前美食按钮的背景颜色设置为红色
        if count > 0:
            self.root.after(50, self.rotate, count – 1, (index + 1) % 12)
            # 使用 after 方法实现按钮旋转效果
        else:
            self.food_buttons[index]['bg'] = 'red'
            # 将最后一个按钮的颜色设置为红色

    def start_rotation(self):
        for button in self.food_buttons:
            button['bg'] = 'white'
            # 将所有食物按钮的背景颜色都设置为白色
        rounds = random.randint(12, 48)
        # 随机生成旋转的次数
        self.rotate(rounds, 0)
        # 调用旋转方法进行旋转

    def run(self):
        self.root.mainloop()

if __name__ == "__main__":
    food_roulette = FoodRoulette()
    food_roulette.run()
```

程序运行结果如图 12-3 所示。
```

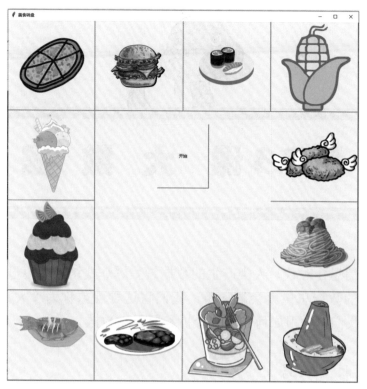

图 12-3 最终结果

我们现在就可以开始让这个美食转盘来帮助我们选择今天要吃的美食啦。快来转动转盘,看看你可以吃到什么美食吧!

请把上述程序中的"开始"按钮,也变成一张相应的图片,图片文件已经在第 1 课第 2 节中被解压到 PythonStudy 目录下。

# 第 13 课 大 数 据

进入信息化时代,人类产生的数据量呈爆炸式增长。每过 18 个月,全球积累的数据总量就会翻一番,我们将这种现象称为"大数据"。在本课中,我们将学习如何获取、分析和展现大数据。

1. 获取大数据

大数据的主要来源有两个:第一个来源是互联网,它是将全球计算机连接在一起的网络,堪称数据的海洋,其中数十亿人在进行拍照、拍录像、写文字、做交易、发微信、发微博、发视频、发邮件等活动;第二个来源是大量的传感器,比如我们走到大街上,到处都能看到摄像头,这就是一种传感器,它们产生了海量的数据。每辆汽车里都装有上百个传感器,一旦车辆出现故障,修理厂只需用计算机与汽车连接,就能立即知道哪个部件出了问题。通过从大量传感器获取数据,我们可以感知世界,这就是物联网——一个连接各种物体的网络。

这里,我们将介绍如何从互联网获取数据。从互联网获取数据的最常见方法就是使用"爬虫"程序。互联网就像一张巨大的蜘蛛网,爬虫程序就像在网上爬行的蜘蛛,它爬到哪里,就把哪里的信息获取过来。只要能通过网络浏览器打开的页面,都可以用爬虫程序来获取数据,例如中国中央电视台网站 www.cctv.cn,或者新浪新闻网站 news.sina.com.cn。

接下来,我们试试从豆瓣电影网站获取豆瓣评分前 100 的电影的相关信息。首先,我们需要安装一些软件包,在"命令提示符"窗口中依次输入下面的命令(如果你已经按照本书第 1 课第 2 节中的方法安装过 Python 安装包,那么这一步可以省略啦)。

pip install requests

pip install bs4

然后在 IDLE 里输入下面的代码。

```python
import requests
from bs4 import BeautifulSoup
# 请求头,模拟浏览器访问
headers = {'User-Agent': 'Mozilla/5.0 (Windows NT 10.0; Win64; x64)
    AppleWebKit/537.36 (KHTML, like Gecko) Chrome/96.0.4664.110
    Safari/537.36'}  # 请求头需要写在一行,或者使用换行符
movies = []  # 创建一个空列表,用于存储电影信息
for i in range(4):  # 循环遍历 4 页(每页 25 部电影,共获取前 100 部电影)
    url = f'https://movie.douban.com/top250?start={i * 25}'
    # 拼接 URL,每页 25 部电影
    response = requests.get(url, headers=headers)   # 发起 HTTP 请求
    if response.status_code == 200:                  # 如果请求成功
        soup = BeautifulSoup(response.content, 'html.parser')
        # 使用 BeautifulSoup 解析 HTML 内容
        movie_list = soup.find_all('div', class_='info')
        # 找到所有电影信息的块
        for movie in movie_list:              # 循环遍历每部电影的信息块
            title = movie.find('span', class_='title')
            # 找到电影名称
            rating = movie.find('span', class_='rating_num')
```

# 找到电影评分
title_text = title.get_text(strip=True)
# 获取电影名称的文本内容
rating_text = rating.get_text(strip=True)
# 获取电影评分的文本内容
movies.append({'title': title_text, 'rating': rating_text})
# 将电影名称和评分存储到字典中
for idx, movie in enumerate(movies, start=1):
    # 循环遍历存储的电影信息
    print(f"Rank {idx}：电影名称：{movie['title']}，评分：{movie['rating']}")
    # 打印电影排名、名称和评分

上述代码运行结果如图 13-1 所示。

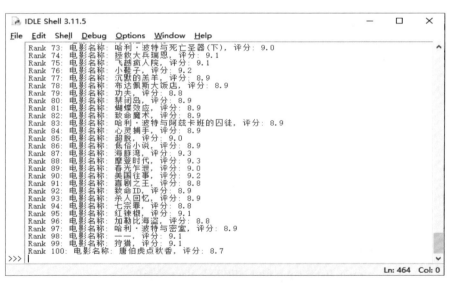

图 13-1　爬取到豆瓣电影的返回结果

这是不是很酷？就像是瞬间查看了豆瓣电影评分前 100 部电影的信息！

上述代码可能有一些地方比较难理解，但别担心，可以看看代码的注释来帮助理解。如果还是看不明白也没关系，因为这个程序通常只有大学生才会编写，而你只是一位小学生哦！

## 2. 分析大数据

当我们获取了海量的数据之后，我们如何分析和利用这些数据呢？通过对已获取的数据进行学习，我们可以积累经验，从而掌握对其他数据进行判断的能力。回想一下，我们小时候是如何认识水果的呢？爸爸妈妈给我们展示一种水果，告诉我们这是什么水果，然后给我们展示另一种水果，同样告诉我们这种水果的名字。当我们见过足够多的水果后，我们在脑海中就会形成各种水果的"模型"，这个"模型"其实就是水果的样貌特征。之后，我们就可以根据已有的"模型"来识别各种水果了！因此，分析大数据的过程可以概括为：首先收集数据，然后训练数据以形成模型，最后使用这些模型来判断新的数据，如图 13-2 所示。

图 13-2　分析大数据的过程

我们先来看看水果分类，如表 13-1 所示。

表 13-1　水果分类表

| 重量（克） | 果皮材质 | 水果类别 |
| --- | --- | --- |
| 140 | 光滑 | 苹果 |
| 130 | 光滑 | 苹果 |
| 150 | 粗糙 | 橙子 |
| 170 | 粗糙 | 橙子 |
| 168 | 粗糙 | 橙子 |
| … | … | … |

表 13-1 列出了已知水果的特征和类别。为了简化，这里只列了质

量和果皮材质，而且只列了两种水果，现在我们用程序来表示上面的数据。

features=[ [140,'光滑'], [130,'光滑'], [150,'粗糙'],[170,'粗糙'],
　　　　　[168,'粗糙']]
labels =['苹果','苹果','橙子','橙子','橙子']

其中，features 表示水果的特征，它包括质量和果皮材质两项数据。labels 表示水果的类别。features 是输入数据，labels 是输出结果。当然，实际的数据量可能远远多于上述 5 条。

为了方便我们进行计算，我们用数字 1 来代表'光滑'、用 0 来代表'粗糙'。同时，我们也用 0 来表示'苹果'、用 1 来表示'橙子'。所以，上述数据可以重新表示为：

features=[ [140,1], [130,1], [150,0], [170,0] , [168,0]]
labels =[0, 0, 1, 1,1]

现在我们要让机器通过学习上面的训练数据，而达到像人一样具有举一反三的能力。在开始之前，我们需要先在"命令提示符"窗口运行下面的命令来安装机器学习程序库（如果你已经按照本书第 1 课第 2 节中的方法安装过 Python 安装包，那么这一步就可以省略啦）。

pip install scikit-learn

完整的程序代码如下。

```
from sklearn import neighbors           # 从 sklearn 中导入 KNN 分析模型
features=[[140,1],[130,1],[150,0],[170,0], [168,0]]
                                        # 训练数据的属性数据
labels=[0,0,1,1,1]                      # 训练数据的标签数据
clf= neighbors. KNeighborsClassifier ()  # 采用 KNN 分析模型
clf=clf.fit(features,labels)            # 用已有数据训练模型
print (clf.predict([[160,0]]))
          # 判断质量为 150 克、粗糙的水果是苹果还是橙子
```

输出结果是：[1]，也就是橙子

你可能要问，这样做有什么用呢？我本来就认识苹果和橙子啊！看过下面的例子，你就会明白了！

表 13-2 展示了一张已有的三好学生评价表。那么，我们能不能让计算机通过学习这张表，来判断其他的学生是不是三好学生呢？例如，表 13-3 列出了一位新学生的数据，我们想知道这位新学生是不是三好学生。

表 13-2　三好学生评价表

| 编号 | 思想品德 | 语文 | 数学 | 英语 | 是不是三好学生 |
| --- | --- | --- | --- | --- | --- |
| 1 | 80 | 95 | 88 | 66 | 否 |
| 2 | 91 | 90 | 92 | 98 | 是 |
| 3 | 92 | 93 | 91 | 95 | 是 |
| 4 | 88 | 80 | 72 | 90 | 否 |
| 5 | 90 | 75 | 89 | 78 | 否 |
| 6 | 92 | 96 | 94 | 99 | 是 |
| 7 | 95 | 88 | 77 | 66 | 否 |
| 8 | 96 | 90 | 100 | 97 | 是 |
| 9 | 93 | 80 | 82 | 81 | 否 |
| 10 | 98 | 70 | 91 | 92 | 否 |
| 11 | 92 | 91 | 90 | 95 | 是 |
| 12 | 93 | 93 | 95 | 94 | 是 |

表 13-3　需要判断的评价表

| 编号 | 思想品德 | 语文 | 数学 | 英语 | 是不是三好学生 |
| --- | --- | --- | --- | --- | --- |
| 1 | 92 | 94 | 95 | 96 | ? |

如果我们用 1 表示是三好学生，用 0 表示不是三好学生。用已知的数据训练计算机之后，我们就可以判断这位新学生是不是三好学生了，程序如下。

```
from sklearn import neighbors
features=[[80,95,88,66],[91,90,92,98],[92,93,91,95],[88,80,72,90],[90,75,89,78],
         [92,96,94,99],[95,88,77,66],[96,90,100,97],[93,80,95,81],[98,70,91,92],
         [92,91,90,95],[93,93,95,94]]
labels=[0,1,1,0,0,1,0,1,0,0,1,1]
clf=neighbors.KNeighborsClassifier()
clf=clf.fit(features,labels)
print(clf.predict([[92,94,95,96]]))
```

程序运行之后会输出：

[1]

这说明这位新学生被判断为三好学生！

不过，上面只是一个例子，实际上，只有当训练数据足够多，判断结果才会更加准确。

### 3. 看见大数据

大数据放在计算机里，我们怎样才能看见它们呢？我们可以将它们以图形的方式展示出来！这就是大数据可视化。

最简单的大数据可视化方法是用折线图、柱状图、散点图、饼图等来展现数据，如图 13-3 所示。

其实，可视化也可以做得很炫酷，可以做成动画形式，就像图 13-4 展示的那样。

第 13 课 大数据

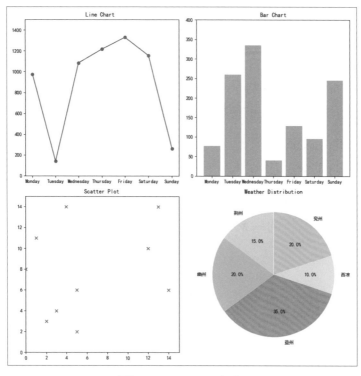

图 13-3 平面可视化

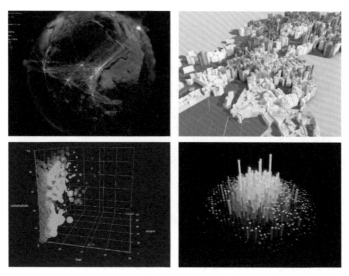

图 13-4 立体可视化

97

上面这些例子都来自百度的 ECharts。大家可以访问 echarts.baidu.com 看到更多可视化效果。

下面我们教大家做自己的可视化。首先在"命令提示符"窗口中运行下面的命令来安装两个程序包（如果你已经按照本书第 1 课第 2 节中的方法安装过 Python 安装包，那么这一步可以省略啦）。

pip install pyheatmap
pip install pillow

现在，让我们来看看数据文件 heatmap.txt。这个文件记录了用户在屏幕上单击鼠标时的一系列位置，这些数据看起来是这样的：

92,52
302,104
67,225
290,101
128,88
305,117
35,209
290,104
55,14

文件中的每一行都有两个数字，第一个数字表示横坐标，第二个数字表示纵坐标。这两个数字之间用逗号隔开，并且每输入一行数据后，按 Enter 键进行换行。我们需要将 heatmap.txt 文件保存在 Python 程序所在的同一个文件夹。

接下来，我们在 IDLE 中输入下面的代码来读取并处理这些数据。

import pyheatmap
from pyheatmap.heatmap import HeatMap

with open('heatmap.txt','r') as file:      # 打开 heatmap.txt 文件用于读取数据
    s = file.read()                        # 从文件中读取数据到 s 中

```
sdata = s.split("\n")              # 将 s 用换行符 "\n" 分割成多行
                                    # 保存到 sdata 中
data = []                           # 用来存储坐标位置数据
for line in sdata:                  # 访问 sdata 中的每一行
    a = line.split(",")             # 把当前行用 "," 作为分隔符进行分割
    if len(a) != 2:                 # 如果本行中的字符串不是两个则跳过去
        continue
    a[0] = int(a[0])                # 把 a 中的第一个字符串转换为十进制整数
    a[1] = int(a[1])                # 把 a 中的第二个字符串转换为十进制整数
    data.append(a)                  # 把 a 添加到 data[] 中

hm = HeatMap(data)                  # 把 data 中的数据传递给 HeatMap
hm.clickmap(save_as="hit.png")      # 生成单击图，并保存为 "hit.png"
hm.heatmap(save_as="heat.png")      # 生成热力图，并保存为 "heat.png"
```

这个程序执行完成后，你将可以在当前目录下找到两个新创建的文件：hit.png 和 heat.png。具体如图 13-5 所示。

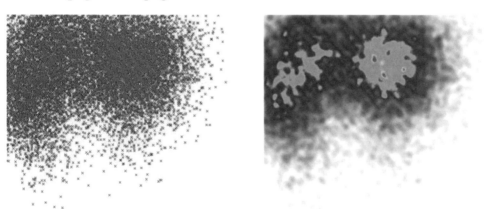

图 13-5　可视化结果

请判断如表 13-4 所示的学生是不是三好学生。

表 13-4 需要判断的评价表

| 编号 | 思想品德 | 语文 | 数学 | 英语 | 是不是三好学生 |
|---|---|---|---|---|---|
| 1 | 80 | 85 | 88 | 78 | |
| 2 | 95 | 94 | 93 | 92 | |
| 3 | 90 | 90 | 90 | 90 | |
| 4 | 80 | 80 | 80 | 80 | |

# 第 14 课 人脸识别

人工智能就像是人类创造的小精灵，它能够通过复杂的计算机程序来学习各种特别的事情，比如观看图片、聆听声音、与人交流、阅读书籍和写作文章。更令人惊奇的是，它甚至能模仿人类的思维方式来做出决策！

1. 我能看见你

现在，我们让人工智能把一张照片里的所有人脸都找出来。

首先，我们需要在"命令提示符"窗口中输入下面的命令来安装两个软件包（如果你已经按照本书第 1 课第 2 节中的方法安装过 Python 安装包，那么这一步就可以省略啦）。

```
pip install scikit-image
pip install dlib
```

然后，我们在 IDLE 编辑器中输入下面的代码。

```
import dlib
from skimage import io

# 使用正面人脸检测器
```

```
detector = dlib.get_frontal_face_detector()

# 读入要检测的人脸图片
img = io.imread("test1.jpg")
# test1.jpg 是要测试人脸的照片文件，请把它放到本程序的目录里
# 生成图像窗口
win = dlib.image_window()

# 显示要检测的图像
win.set_image(img)

# 检测图像中的人脸
faces = detector(img, 1)
print(" 人脸数：", len(faces))
# 绘制矩阵轮廓
win.add_overlay(faces)

# 保持图像
dlib.hit_enter_to_continue()
```

我们来看看图 14-1 中的照片，它准确地识别出了里面的一张人脸。

图 14-1　识别人脸

第 14 课　人脸识别

我们再看看图 14-2，这次人工智能在照片上识别出了 8 张人脸，包括屏幕上的两张人脸。

图 14-2　识别多张人脸

同学们也可以尝试用其他的图片来测试，比如图 14-3 中的卡通人脸。

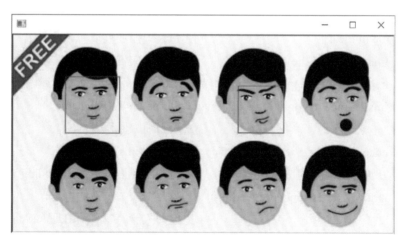

图 14-3　识别卡通人脸

## 2. 我能认识你

前面我们已经知道人工智能可以从图片中找到人脸，那它能不能识别出里面的人是谁呢？让我们一起试试看吧！

首先，我们需要安装人脸识别程序包。我们在"命令提示符"窗口中输入如下命令（如果你已经按照本书第 1 课第 2 节中的方法安装过 Python 安装包，那么这一步就可以省略啦）。

pip install face_recognition

然后输入下面的代码。

```
import os                      # 导入操作系统程序包
import face_recognition        # 导入人脸识别程序包

path=".\\known"                # 指定需要读取我们已经知道的人脸文件的目录
files =os.listdir(path)        # 读取该目录下的所有文件到 files 中
known_names = []               # 已知的人名，最开始为空
known_faces = []               # 已知的人脸，最开始为空
for file in files:             # 从 files 中循环读取每个文件名
    filename = str(file)       # 得到当前文件的名字
    known_names.append(filename) # 把当前文件名加入人名清单里
    image=face_recognition.load_image_file(path+"\\"+filename)
                               # 读入当前人脸图片
    encoding = face_recognition.face_encodings(image)[0]
    # 对当前人脸图片进行识别，将识别的特征保存在 encoding 中
    known_faces.append(encoding)
                               # 把当前人脸特征保存在已知人脸中
unknown_image = face_recognition.load_image_file(" 未知 1.jpg")
                               # 调入一张不知人名的人脸图片
unknown_encoding = face_recognition.face_encodings(unknown_image)[0]
                               # 识别这张人脸的特征
```

```
results = face_recognition.compare_faces(known_faces, unknown_ encoding, 
tolerance=0.5)                    # 将未知人脸与所有已知人脸进行比较
print(" 识别结果如下：")
for i in range(len(known_names)):   # 显示未知人脸与每张已知人脸的比较结果
    print(known_names[i]+":",end=" ")
                    # 打印已知的人脸文件名，end=" " 表示不换行
    if results[i]:
        print(" 相同 ")            # 识别结果是 True，就显示相同
    else:
        print(" 不同 ")            # 识别结果是 False，就显示不同
```

保存在当前目录下名为 known 的子目录下的人脸图片如图 14-4 所示。

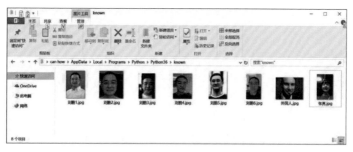

图 14-4　用于训练的人脸

保存在当前子目录下的两张测试人脸图片如图 14-5 所示。

图 14-5　需要识别的人脸

识别结果如图 14-6 所示,非常准确!

```
>>>
= RESTART: C:/Users/gloud/AppData/Local/Programs/Python/Python36/facereco.py =
识别结果如下:
刘鹏1.jpg: 相同
刘鹏2.jpg: 相同
刘鹏3.jpg: 相同
刘鹏4.jpg: 相同
刘鹏5.jpg: 相同
刘鹏6.jpg: 相同
外国人.jpg: 不同
张真2.jpg: 不同
>>>
= RESTART: C:/Users/gloud/AppData/Local/Programs/Python/Python36/facereco.py =
识别结果如下:
刘鹏1.jpg: 不同
刘鹏2.jpg: 不同
刘鹏3.jpg: 不同
刘鹏4.jpg: 不同
刘鹏5.jpg: 不同
刘鹏6.jpg: 不同
外国人.jpg: 不同
张真.jpg: 相同
>>>
```

图 14-6　人脸识别结果

请给几个鸡蛋画上可爱的笑脸,然后拍一张照片。接着,我们用这张照片来测试人工智能,看看它能不能从照片中找到这些笑脸鸡蛋上的人脸。

# 第 15 课　训练人工智能

当我们谈论深度学习时，其实我们就像在讲一个神奇的大脑，这个大脑可以帮助计算机学会做一些很酷的事情，比如辨认图片中的东西或者预测未来可能发生的事情。

## 1. 训练模型

深度学习就像是给计算机一个聪明的大脑。我们称这个大脑为神经网络。这个神经网络由很多小"神经元"组成，就像我们大脑中的神经元一样。这些神经元一起工作，帮助计算机学会辨认图片中的东西，就像我们学会辨认数字一样。

当我们训练神经网络时，我们感觉就像在教一个小朋友学习新知识。我们给它看很多例子，比如很多手写的数字，然后告诉它这是什么数字。神经网络会从这些例子中学习，慢慢地变得越来越聪明，就像小朋友学习做事一样。接下来，我们就开始训练一个可以识别手写数字的模型。

首先，我们在"命令提示符"窗口中输入如下命令来安装两个软件包（如果你已经按照本书第 1 课第 2 节中的方法安装过 Python 安装包，那么这一步就可以省略啦）。

```
pip install  tensorflow
pip install  matplotlib
```

然后，我们在 IDLE 编辑器中输入下面的代码。

```
import tensorflow as tf
from tensorflow.keras.datasets import mnist
from tensorflow.keras.models import Sequential
from tensorflow.keras.layers import Dense, Flatten
import time
# 加载 MNIST 数据集并进行预处理
(train_images, train_labels), (test_images, test_labels) = mnist.load_data()
train_images = train_images / 255.0
test_images = test_images / 255.0                # 创建神经网络模型并进行训练
model = Sequential([
    Flatten(input_shape=(28, 28)),               # 将 28×28 的图像展平成一维向量
    Dense(128, activation='relu'),               # 第一个隐藏层，128 个神经元
    Dense(64, activation='relu'),                # 第二个隐藏层，64 个神经元
    Dense(10, activation='softmax') # 输出层，10 个神经元对应 10 个数字类别
])
model.compile(optimizer='adam',
         loss='sparse_categorical_crossentropy',
         metrics=['accuracy'])
model.fit(train_images, train_labels, epochs=5, batch_size=32,
          validation_data=(test_images, test_labels))
test_loss, test_acc = model.evaluate(test_images, test_labels)
print(f'Test accuracy: {test_acc}')   # 评估模型的结果
time.sleep(2)
```

这段代码是用来加载和准备 MNIST 数据集的，这个数据集里面有很多手写的数字图片。然后我们创建一个简单的神经网络模型，这个模型的任务是识别这些手写数字。接下来，我们编译模型，并开始训

练它，让它学会如何识别数字。

完成代码编写后，我们就可以开始运行它了。你如果在 IDLE 中运行代码，可能会发现训练过程有点慢，就像图 15-1 展示的那样。如果这样，你可以保存代码，然后退出 IDLE，直接双击 Python 文件来运行。这样运行的话，你就能看到训练的详细信息，就像图 15-2 那样。

图 15-1　IDLE 运行结果

图 15-2　训练过程

图 15-2 中显示了模型在训练过程中的多个阶段以及最终的测试准确率。模型经过了 5 个周期的训练，在训练集上的准确率逐步提高至 98.59%，而在验证集上的准确率最终稳定在 97.73%。测试结果表明模型在新的数据上的表现也达到了 97.73% 的准确率。

## 2. 使用模型

接下来，我们将使用训练好的模型来看看它能否识别我们自己写的数字！我们先从解压文件夹的 Deep_Learning 文件夹中加载一张手写数字图片，如图 15-3 所示，然后对图片进行预处理，使其适合我们的模型，最后使用训练好的模型对图片中的手写数字进行识别，并展示识别结果。

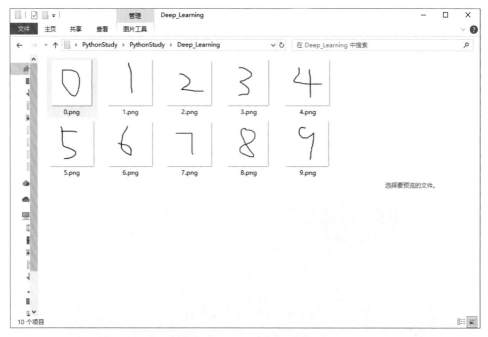

图 15-3　本地手写数字图片

输入下面的代码。

import tensorflow as tf
from tensorflow.keras.datasets import mnist
from tensorflow.keras.models import Sequential
from tensorflow.keras.layers import Dense, Flatten
from PIL import Image

```python
import numpy as np
import matplotlib.pyplot as plt
(train_images, train_labels), (test_images, test_labels) = mnist.load_data()
train_images = train_images / 255.0
test_images = test_images / 255.0
model = Sequential([

    Flatten(input_shape=(28, 28)),      # 将 28×28 的图像展平成一维向量
    Dense(128, activation='relu'),      # 第一个隐藏层,128 个神经元
    Dense(64, activation='relu'),       # 第二个隐藏层,64 个神经元
    Dense(10, activation='softmax')     # 输出层,10 个神经元对应 10 个数字类别
])
model.compile(optimizer='adam',
        loss='sparse_categorical_crossentropy',
        metrics=['accuracy'])
model.fit(train_images, train_labels, epochs=5, batch_size=32,
        validation_data=(test_images, test_labels))
test_loss, test_acc = model.evaluate(test_images, test_labels)
print(f'Test accuracy: {test_acc}')
# 读取自己的图片并进行识别
image_path = '6.png'                            # 替换为你自己的图片路径
image = Image.open(image_path).convert('L')     # 将图片转为灰度图
image = image.resize((28, 28))                  # 将图片大小调整为 28×28
image = np.array(image) / 255.0                 # 将像素值归一化为 0~1
image = 1.0 - image         # 反转图片的颜色(如果原始图片是白底黑字)
plt.imshow(image, cmap='gray')
plt.axis('off')             # 添加批次维度并进行识别
image = np.expand_dims(image, axis=0)
                            # 添加批次维度
```

```
prediction = model.predict(image)          # 获取识别结果
predicted_label = np.argmax(prediction)
print(f"Predicted label: {predicted_label}")    # 展示预处理后的图片
plt.show()
```

这段代码将帮助我们加载一张我们自己写的数字图片，然后用我们训练好的神经网络模型来识别这个数字是多少，我们使用的是图片6，识别结果如图15-4所示，非常准确。

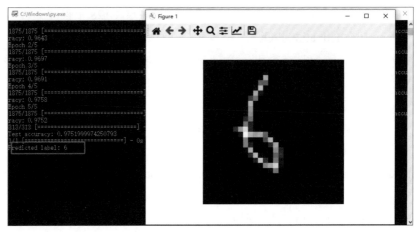

图15-4　识别结果

请把你自己所写的数字拍成照片，或者在计算机画板中写出不同的数字，截图之后，用你的模型进行识别，看能否识别成功（白底黑色）。

# 第 16 课 大 模 型

在当今数字时代，大型模型就像科技革命的先锋，它们正在改变我们的生活方式、学习方式和思考方式。这些又大又强的智能工具，就像现代科技的魔法师，引领着我们走向一个未知的未来。

对于青少年来说，大型模型像是一扇通向知识海洋的大门。它们是一种前所未有的智能工具，可以帮助你更深入地探索世界、学习知识，甚至是启发你的创造力。随着这些模型的不断进步，我们有机会在信息的海洋中畅游，发现自己的兴趣和激发对未知的好奇心。今天我们就通过聊天机器人的方式来使用这些大模型，并比较本地的预训练模型聊天机器人和一个在线并做过大量训练的大模型聊天机器人之间的不同。

## 1. 本地搭建大模型

我们将使用 Transformers 库来操作 GPT-2 语言模型。我们需要加载一个在本地目录中进行过微调的 GPT-2 聊天模型。文件在 PythonStudy 的 model 目录中。

首先，我们在"命令提示符"窗口中输入以下命令来安装两个软件包（如果你已经按照本书第 1 课第 2 节中的方法安装过 Python 安装包,那么这一步就可以省略啦)。

pip install  torch

pip install  transformers==3.4

然后输入以下程序。

from transformers import GPT2LMHeadModel, GPT2Tokenizer, GPT2Config
import torch

def chat_with_model(model, tokenizer, user_input):
    # 使用 tokenizer 对用户输入进行编码
    input_ids = tokenizer.encode(user_input, return_tensors="pt")

    # 确保 input_ids 不为空
    if input_ids.numel() == 0:
        print(" 输入为空,请重新输入 ")
        return ""

    # 使用模型生成回复
    with torch.no_grad():
        output = model.generate(
            input_ids,
            max_length=50,              # 调整生成文本的最大长度
            num_beams=5,                # 调整束搜索的数量
            no_repeat_ngram_size=2,     # 控制避免重复的 n-gram 大小
            top_k=50,                   # 保留生成概率最高的前 k 个词
            top_p=0.95, # 在 top_k 的基础上,保留累计概率达到这个阈值的词
            temperature=0.7 # 控制生成文本的多样性,较高值使生成更随机
        )

    # 将生成的回复解码为文本

```python
        response = tokenizer.decode(output[0], skip_special_tokens=True)
        return response

def build_chatgpt_model():
    # 指定模型文件夹的相对路径
    model_path = "./model"

    # 从本地文件中加载模型配置文件 config.json
    config = GPT2Config.from_json_file(f"{model_path}/config.json")

    # 从本地文件中加载模型权重
    model = GPT2LMHeadModel.from_pretrained(model_path, config=config)

    # 从本地文件中加载 tokenizer
    tokenizer = GPT2Tokenizer.from_pretrained(model_path)

    return model, tokenizer

# 在本地搭建 GPT 模型
chatgpt_model, chatgpt_tokenizer = build_chatgpt_model()
print("你好，我是 GPT 本地聊天机器人。输入'退出'可以结束对话。")

while True:
    user_input = input("你：")
    if user_input.lower() == '退出':
        print("再见！")
        break

    # 使用 GPT 生成回应
    response = chat_with_model(chatgpt_model, chatgpt_tokenizer, user_input)
    print("机器人:", response)
```

这个聊天机器人的运行结果如图16-1所示，它可以回答你的问题，但有时会感觉它的回答不是特别聪明。

图16-1　与聊天机器人对话结果

## 2. 在线接入大模型

接下来，我们将再次制作一个聊天机器人，这次我们需要接入Yi-34B-Chat，一个由零一万物开发并开源的双语大语言模型，它已经经过大量的训练，可以帮助我们回答各种各样的问题。

请输入以下程序。

```
# 导入需要的程序包
import requests
import json

def get_access_token():
    # 获取百度AI平台的访问令牌
```

```python
    url = "https://aip.baidubce.com/oauth/2.0/token?grant_type=client_
        credentials&client_id=HjjKSGezAW8qqWe9QA49KeX0&client_
        secret=aUjXtCHuS3ZdeFD5IGGn6ma1crmqbLMU"
    payload = json.dumps("")
    headers = {
        'Content-Type': 'application/json',
        'Accept': 'application/json'
    }
    # 发送 POST 请求获取访问令牌
    response = requests.request("POST", url, headers=headers, data=payload)
    return response.json().get("access_token")

def ask_question(question):
    # 使用百度 AI 平台的访问令牌构建请求 URL
    url = 
        "https://aip.baidubce.com/rpc/2.0/ai_custom/v1/wenxinworkshop/
        chat/yi_34b_chat?access_token=" + get_access_token()
    payload = json.dumps({
        "messages": [
            {
                "role": "user",
                "content": question
            }
        ]
    })
    headers = {
        'Content-Type': 'application/json'
    }
    # 发送 POST 请求获取聊天机器人的回复
    response = requests.request("POST", url, headers=headers, data=payload)
    # 提取回复中的 "result" 字段
    result = response.json().get("result", "")
    return result
```

```
while True:
    user_input = input("You: ")                    # 用户输入问题
    if user_input.lower() == 'exit':               # 如果用户输入 "exit"，则退出循环
        break
    response = ask_question(user_input)            # 向聊天机器人提问并获取回复
    print("Chatbot:", response)                    # 打印聊天机器人的回复
```

这个机器人可以回复你更多的问题，如图 16-2 所示，而且看起来，它似乎要更加聪明一点，快去试试看！

图 16-2　与 Yi-34B-Chat 对话结果

请向两个不同的机器人提问相同的问题，然后看看哪个机器人的答案更让你满意；同时，你可以在网上寻找更多的大模型，看看你最喜欢使用哪一个大模型。